Für die reifere Jugend.

Der große König und sein Rekrut.

Lebensbilder
aus der Zeit des siebenjährigen Krieges.
Unter theilweiser Benutzung
eines historischen Romans von A. H. Brandrupp, für Volk und Heer,
insbesondere
für die vaterländische Jugend
bearbeitet von

J. G. Chr. Franz Otto.

Mit 8 Bunt- und Tonbildern und 125 in den Text gedruckten Abbildungen.
Preis: Geheftet 1½ Thlr. = fl. 2. 42 kr. Eleg. gebunden 1⅝ Thlr. = fl. 3. 18 kr.

In eine spannende Erzählung, dessen Held besonders die männliche Jugend höchlichst interessiren muß, hat der Verfasser alle wichtigen Momente aus der Lebens- und Regierungsgeschichte Friedrich's des Großen geschickt zu verflechten gewußt. Ernst und Scherz wechseln auf's Angenehmste mit einander ab, der Ton ist durchweg echt volksthümlich gehalten; und betrachten wir dazu den eben so reichen als künstlerisch gediegenen Bilderschmuck, so dürfen wir mit Recht dies Buch für eine der werthvollsten Bereicherungen der Volks- und Jugendliteratur erklären, welche Eltern, Lehrern, Bibliotheken, Sonntagsschulen, und namentlich auch dem Kriegsheere, überhaupt jedem Patrioten nicht dringend genug als gesunde Unterhaltungslektüre empfohlen werden kann.　　　　　　(D. Bl.)

Neu erschien, gänzlich umgearbeitet, in dritter Auflage:

Deutsches Flottenbuch

oder

Das neue illustrirte Seemannsbuch.

Fahrten und Abenteuer zur See
in Krieg und Frieden.
In Mittheilungen über das Wissenswürdigste aus der Schiffahrtskunde und dem Seeleben
von

Major R. von Berndt.

Dritte umgearbeitete Auflage, herausgegeben von Heinrich Smidt.

Mit 150 Holzschnitten, kolorirten Bildern, Schlachten und Seegemälden.
Preis eleg. geheftet 1½ Thlr. = fl. 2. 42 kr. — In eleg. Einbande 1⅔ Thlr. = fl. 3.

Wol wenige Jugendschriften giebt es, die mit größerem Rechte Eltern und Erziehern empfohlen werden könnten, als gerade dieses Buch. Es ist fesselnd und belehrend vom Anfang bis zum Ende. Der Verfasser führt dem Leser zunächst die Bauart und die verschiedenen Arten der Schiffe vor, geht dann über zu den interessantesten Zügen und Kriegsfahrten zur See und hebt namentlich das für Deutschland besonders Wichtige heraus. Das Entstehen, die Blüte und der Verfall der deutschen Kriegs- und Handelsflotte, die einst der meerbeherrschende Hansabund, ein Bild urdeutscher Tüchtigkeit und Kraft, ausfandte; Preußens erstes Bestreben, sich eine Kriegsflotte zu schaffen, der Aufschwung derselben unter dem großen Kurfürsten: dies Alles sind denkwürdige Episoden, welche der Verfasser in diesem Buche dem Gemüthe des jugendlichen Lesers vorführt. Auch die neueste Zeit, die Weltumsegelung der „Novara", Preußens Expedition nach Japan und die damit verbundenen Errungenschaften für den deutschen Handel finden in dieser neuen, durch eine große Anzahl neuer Illustrationen bereicherten Auflage ihre Stelle.

H. Wagner's
Entdeckungsreisen in der Heimat.

I.

Eine Alpenreise.

———

Neue

Jugend- und Hausbibliothek.

Mit

vielen Tonbildern, zahlreichen in den Text gedruckten Abbildungen,
kolorirten Bildern, Karten ꝛc.

Fünfte Serie.

V.

H. Wagner's

Entdeckungs-Reisen

in

der Heimat.

I.

Eine Alpenreise.

Mit vielen hundert in den Text gedruckten Illustrationen und vielen Tonbildern.

Leipzig.
Verlag von Otto Spamer
1865.

H. Wagner's Alpenreise. Titelb.   Verlag von Otto Spamer. Leipzig.

Entdeckungsreisen
in der
Heimat.
I.
Im Süden.
Eine Alpenreise.
Mit seinen jungen
Freunden und Freundinnen unternommen
von
Hermann Wagner.
Mit 110 Abbildungen, zwei Tondruck- und
einem bunten Titelbilde.
Leipzig.
Verlag von Otto Spamer.

ISBN 978-3-662-23753-3   ISBN 978-3-662-25852-1 (eBook)
DOI 10.1007/978-3-662-25852-1

Softcover reprint of the hardcover 1st edition 1989

Vorwort.

Haus und Hof sind des kleineren Kindes Königreich! Hier soll es Bescheid wissen vom Größten bis zum Kleinsten, vom Seltensten bis zum Gemeinsten. Hier kenne es Alles, von der Rumpelkammer unter dem Dache an, in der Motten und Pelzkäfer ihr Wesen treiben, vom Winkel hinter dem Schornstein, in welchem die Fledermäuse sich der Reihe nach an den Beinen umgekehrt aufgehangen haben und doch leben bleiben, — bis hinunter in den tiefsten Keller, in welchem der Schimmelpilz am faulen Holze leuchtet!

Das Kind lebe zusammen in guter Freundschaft mit der Taube im Hofe und mit dem Sperling, der die Raupen vom Baume abliest, mit den Blumen im Garten und — mit der Beere am Busch.

Es wird Nahrung für sein Gemüth sein. Es wird das Elternhaus lieb haben und später einmal nicht ruhen, bis es sich selbst auch ein Heimwesen gegründet hat, das ihm eben so traut ist.

Steigt die Wissenschaft vom Katheder herab, plaudert sie in der Kinderstube ihre Geheimnisse aus, so weit sie den Kleinen verdaulich sind, — der Vortheil möchte sich für alle Theile der Gesellschaft schon nach wenig Generationen ergeben. Da, wo ein Obstbaum wächst, kann kein Dornenbusch wuchern, und wo das Getreide sprießt, wird's mit Nesseln und Disteln weniger schlimm sein! Steht's in jeglichem Hause wohl, wird's im ganzen Orte nicht übel sein, und sind die Glieder des Staates kerngesund, wird auch der große Leib des Reiches nichts Ernstliches von Krankheit zu fürchten haben!

Aber den kleinen Nestlingen wachsen allmälig die Flügel! Reichen auch die Beine noch nicht sogleich aus zu einem Wettrennen rings um den Erdtheil, so flackert doch das Feuer der Phantasie lustig über die Hecke der Feldmark hinaus. Es ist gut, wenn dann ein Lenker und Leiter sich ihrer annimmt und sie zum erwärmenden Herdfeuer und zum leuchtenden Hauslämpchen regelt, damit die lebendige Glut nicht allerlei Zunder und Plunder ergreife und ein Schadenfeuer daraus entstehe, dessen Ende Niemand abzusehen vermag!

An der Hand des verständigen Alten wandern die Jungen durch Feld und Flur, durch Wald und Heide, — der Gesichtskreis erweitert sich; dem jungen Geiste wird ein weiterer Spielraum geboten, seinen Liebhabereien ein höheres Ziel gesetzt. Der Knabe zieht mit dem Schmetterlingsnetz zur Wiese, das Mädchen sammelt am Bergabhange Blumen und Beeren, beide lauschen dem Gesang der Vögel, dem Plätschern des Baches, — sie merken auf das, „was der Wald erzählt", und auf die Predigt des Feldes.

Was liegt jenseits des Berges? Wohin ziehen im Herbst Störche und Schwalben? Wie schaut's aus im Süden und im Norden, wohin täglich die langen Wagenreihen auf der Eisenbahn brausen, wohin die geheimnißvollen Drähte des Telegraphen ziehen?

Je älter der Bursch wird, je mehr er sich selber versuchte, je weiter fliegen auch seine Gedanken! Hat er die Turnfahrten in der engern Heimat glücklich hinter sich, reicht die Kasse des Vaters oder Onkels dazu aus, so möge er die Letztern in Wirklichkeit bei einer Alpfahrt begleiten, — wenn sie Lust haben, ihn mitzunehmen. Es wird kein Schaden für ihn sein, wenn er einen gereifteren geistigen Maßstab mit zurückbringt, um die Verhältnisse der Heimat damit zu messen.

Die Alpfahrt, welche ich diesem Bändchen unserer „Entdeckungsreisen in der Heimat" als leitenden Faden zu Grunde legte, habe ich im Juli 1863 mit einem 13jährigen Knaben ausgeführt. Die meisten Scenen und Bilder aus dem Naturleben sind der Wirklichkeit nacherzählt, nur einiges Wenige habe ich von meinen andern Alpenwanderungen dazugezogen. Vielleicht findet ein Bursch, der uns nachwandeln will, in unserm Büchlein einige Winke, worauf er sein Augenmerk zu richten hat. Das Büchlein soll weder ein „rother Bäde= ker" oder „Gustav Rasch", weder ein „Führer durch die bayerischen und thyroler Alpen" sein, noch soll es nach Tschudi's und Berlepsch's Vorgange ein geist= reiches Naturgemälde der Alpenwelt entwerfen. Es ist eben eine Fortsetzung unserer „Entdeckungsreisen in Wohnstube und Haus, in Wald und Feld", es bietet der Jugend Bilder aus dem Naturleben der Alpenwelt, dieses südlichen Theiles vom deutschen Vaterlande, während das nächstfolgende Bändchen Bil= der aus dem Flachlande des mittleren Deutschlands entwirft.

Es hat mit unserm Büchlein nicht gesagt sein sollen, daß jeder erwachsene Knabe und gar jedes Mädchen eine Wanderung durch die Alpen antreten möge, obschon wir einen solchen Genuß von Herzen Jedem vergönnen, der selbst Ver= langen darnach hat. Wol aber wünsche ich herzlichst, daß die Biographien aus dem Naturleben des Hochgebirges, die ich hier am Faden einer Reiseschil= derung aufgereiht habe, wie Erdbeeren an einem Grashalm, daß sie allen Kna= ben und Mädchen, denen sie zu Händen kommen, Vergnügen gewähren möch= ten. Daß ich einige jener Schilderungen der Abwechselung wegen in Form von Briefen kleidete, welche mein junger Begleiter an seine Geschwister daheim schrieb, wird Vielen vielleicht angenehm sein.

Sollten sogar die Alten an meinen Bildern etwas Wohlgefallen finden, so wäre dies mehr, als ich meine Erwartungen zu steigern pflege, — die „Ent= deckungsreisen in der Heimat" sind für die Jugend geschrieben, d. h. für alle Die, welche jung und frisch an Herz und Gemüth sind! Behüt' Euch Gott!

Hermann Wagner.

Inhaltsverzeichniß.

Buntbilder und Tondruckbilder.

1.

Komm mit auf die Alp!

Laß dir, mein Bursche, ein Paar tüch=
tige Alpenschuhe fertigen! Berg und Thal
in der Nähe hast du bereits vielfach mit
mir durchstrichen, jetzt gilt es dem Hochge=
birg, den Alpen im Süden. Die Alpen
Tyrols sind unser Ziel, davor liegen jene
von Bayern.

Ueber den Würm=See und seine Nach=
barn: den Kochel= und Walchen=See, fahren
wir ein in die Alpenwelt, besteigen die Vor=
berge des bayerischen Hochlandes, um einen
Blick nach den Gebirgen im Süden zu
thun. Bei Wallgau betreten wir das Thal
der Isar, bei Partenkirchen begrüßen wir

das Wetterstein=Gebirge mit dem Zugspitz und Alpspitz. Hier sehen wir ziem=
lich nahe den ersten Ferner. Im Thale der Loisach hinauf, überschreiten wir
die österreichische Grenze, rasten in Lermos und überschreiten dann den hohen

　　　　　　　　　　　　　　　　　　1

Fernpaß. Die Poststraße bringt uns sicher nach Nassereit und nach Imst im Thale des Inn. Von hier biegen wir seitwärts ab in das Oetzthal, wenden uns dann in das Fendtthal und in jenes von Rosen. Ein kundiger Führer leitet uns nachher über das Hochjoch des Oetzthaler Ferner hinüber ins Stromgebiet der gepriesenen Etsch, zunächst in das Schnalser Thal und nach Staaben, dann nach Meran und nach Bozen. Ist uns das Wetter hold und noch nicht Ebbe im Reiseschatz, so besteigen wir noch die Alpen von Seis am zerklüfteten Schlern und kehren dann über Klausen und Brixen, Sterzing und Innsbruck zurück nach der nordischen Heimat.

Wir werden so viel wie möglich vermeiden, was halsbrecherisch ist; es bieten die Alpen schon ohnedies Gelegenheit gerade genug, um Ausdauer beim Steigen und Umsicht beim Klettern zu bekunden. Deshalb laß vom Fußbekleidungskünstler dir tüchtige Bergschuhe machen mit doppelten Sohlen, dann noch Eisennägel darauf von der kräftigsten Sorte, daß der Fuß nicht schwanke und wanke, sondern wacker eingreife in das lockere Geröll des Gebirges.

Dein kleinerer Bruder muß diesmal daheim bei der Mutter verbleiben. Er lerne recht tüchtig Alles, was in der Nähe ringsum grünet und blühet, was lebet und webet. Ist er einst größer und weiß in der Heimat genügend Bescheid, — dann steigt er vielleicht auch einmal mit auf die höheren Berge und besieht sich die weidenden Kühe und Ziegen, — das hehre Ideal, für welches er schwärmt. Damit er aber an deinen Freuden brüderlich theilzunehmen vermag, so vermehre dein Reisegepäck um einige Bogen Papier und eine Feder. Wenn wir im Nachtquartier auf's Abendbrod warten, schreibst du ihm deine Geschicke und was dir Neues begegnet. So durchlebt er daheim im Geiste mit dir die Reise und hat nichts zu befürchten vom drückenden Schuh, nichts von der drohenden Regenwolke und nichts von der Rechnung des Gastwirths.

2.

Nach dem Starenberger See.

An vielen Städten und Dörfern vorbei brauste der Dampfwagenzug. Das schnaubende Feuerroß führt uns bis an den Fuß der Alpen, bis an die Ufer der See'n, die gleich blinkenden Spiegeln das Hochgebirge im Norden umgeben.

Der Schlußtheil der Fahrt geht zwischen Wäldern hindurch. Ab und zu siehst du durch eine Lücke der Wipfel blaue Bergspitzen, jetzt auch den blitzenden Würm-See. Das Herz schwillt vor Freude!

Eine uniformirte Musikbande stieg auf der letzten Station mit in den Wagen ein, um ihrer Sommerstation am See zuzueilen. Sie spielen lustige Weisen. Bayrische Bauern singen dazu. Ein weißlockiger Pudel, der ganz besondere musikalische Anlagen zu haben scheint, heult in der herzergreifendsten Weise ein wehmüthiges Hundelied. Der jüngste Musikant greift mit der einen Hand wacker das Horn, mit der andern prügelt er eben so unverzagt seinen Hund, — den Takt zur „wundersamen gewaltigen Melodei"!

Einige Bauern mit scharlachrothen Westen, halbe Guldenstücke statt Knöpfe daran, lassen eine kurze Tabakspfeife feierlich von Mund zu Mund gehen, Jeder thut einige Züge und giebt sie dem Nachbar. Es ist die Friedens-

1 *

pfeife der Alpen. Ein verwetterter Alter zieht ein fingerlanges blaues Glas=
fläschchen aus der rechten Westentasche; ist er etwa ein Medizinmann? Ent=
hält das Fläschchen ein Lebenselexir aus Alpenkräutern gebraut? — Bedäch=
tig nimmt er den hölzernen Stöpsel ab, der unten in eine lange Spitze ausläuft,
und klopft aus der geheimnißvollen Phiole ein Häufchen Schnupftabak auf den
Rücken der Hand! — Im Wirthshaus Kaffee aus Weingläsern, Wein aus
Biergläsern, Bier aus thönernen Krügen, — hier Schnupftabak aus Glas=
flaschen. Manches ist anders im Alpenland!

Und nun erst die Bauerfrau neben uns! Hat sie nicht einen förmlichen
Goldpanzer über Brust und Rücken! Die Bandenden bilden bauschige silberne
Epauletten dazu, die Spitzen der Haube verdecken ziemlich das ganze Gesicht
gleich dem Visir eines Ritterhelms. Das Meisterstück ihres Anzuges ist aber
der Rock. Dicht unter den Armen beginnt schon die Taille, Falte reiht sich an
Falte, so daß eine bombenfeste Wand von mehr als Handbreit Dicke entsteht, —
eine prächtige Schutzwehr in Kriegszeiten!

Jetzt wendet sich die Bahn stark nach Rechts, der Wald tritt zurück und
der weite Spiegel des Würm=See's liegt vor uns. An seinem Ufer schimmern
die Häuser von Starenberg. An beiden Seiten des See's erheben sich lieblich
bewaldete Berge, mit reizenden Schlößchen und Häusern geschmückt. Fischer=
nachen ziehen darüber hin. Im fernen Süden winken höhere Gebirgskuppen,
das Ziel unserer Reise.

Der Zug steht. Ein behagliches Gasthaus empfängt uns. Der Tag neigt
sich zu Ende. Die letzten Purpurstrahlen der Sonne flammen über den tief=
blauen Himmel, malen die Wolkenschäfchen und spiegeln sich reizend im See.
Der Mond zieht herauf. Wir wandeln nochmals zum Ufer. Bezaubernd schön
gießt sich das sanfte Silberlicht über die glatte, ruhige Fläche des Wassers,
deren Ende wir nicht zu erkennen vermögen.

Hier und da springt ein Fisch über den blanken Spiegel und silberne
Kreise bezeichnen die Stelle, an der er wieder verschwindet.

Alles ist still und ruhig, — eine erquickende Abendfeier nach dem Lärmen
und Tosen der vorherigen Tage, die wir auf dem Dampfwagen verlebten! —
In den Häusern des Orts flimmern die Lichter und mahnen zur Nachtruhe. —
Morgen geht's über den See! Morgen geht's nach den Bergen!

3.

Dampfbootfahrt über den Starenberger See.

Hermann an seinen Bruder Karl.

Lieber Karl!

Wir sind auf einem Dampfschiff in die Alpen gefahren. Es hieß Maximilian I., hatte drei Masten und einen schwarzen Schornstein. In Starenberg stiegen wir früh nach 7 Uhr in das Schiff. Der Himmel war nebelig, der See aber ganz ruhig. Als das Schiff noch still lag, schwammen viele allerliebste Fische dicht um dasselbe herum. Ich warf ihnen Semmelkrümchen zu, die schnappten sie weg. Wenn man ein größeres Stück hineinwarf, so zankten sie sich darum und eins jagte es dem andern wieder ab.

Das Wasser war ganz klar und sah schön dunkelgrün aus. Man merkte gar nicht, daß das Schiff fortfuhr, so ruhig ging es. Es sah gerade aus, als ob die Ufer vorbei zögen. Diese waren aber zu reizend. Hier standen viele schöne Luftschlösser mit Fahnen. Die Leute kamen heraus und winkten mit Tüchern und Hüten. Dann standen wieder Fischerhäuser und über dem Wasser kleine Hütten für die Gondeln, damit es nicht in dieselben hineinregnete.

Einzelne Felsenstücken traten in den See hinein wie kleine Festungen. Auf diesen waren Gebüsche, Lauben und Gärtchen, und Kinder spielten darin.

Uferpartie und Gondelhäuschen.

Auch ein großer schwarzer Wasserhund war dabei, ein Neufundländer, der sehr gut schwimmen kann und einen Menschen aus dem Wasser holt, wenn er hineingefallen ist.

Dann wieder sahen wir Fischer in Kähnen beim Fischfangen. Sie hatten ein großes Netz ins Wasser gelassen wie eine lange Wand. An der obern Seite hatte man Holzstücken an das Netz geknüpft, damit dieser Rand stets auf der Oberfläche des Wassers bleibe; an der untern Seite dagegen war das Netz mit Gewichten beschwert und hing senkrecht in die Tiefe.

Fischer beim Fischefangen.

An jedem Ende des Netzes war ein Kahn mit zwei Fischern. Diese ruder= ten in der Weise, daß das Netz einen Kreis bildete und die Fische ringsum davon eingeschlossen wurden. Wenn die Fische entfliehen wollen, fahren sie mit dem Kopfe in die Maschen und können nicht wieder zurück. Sie bleiben mit den Kiemen an den Faden hängen. Dann ziehen die Fischer das Netz heraus und nehmen die Fische ab.

Es waren auch Pfähle im See eingeschlagen und Legangeln daran gebun= den. Dies sind lange Leinen mit vielen Angelschnüren und Angelhaken, in gleichmäßigen Entfernungen von einander. Die Fischer sehen alle Tage nach, ob sich Etwas gefangen hat. Dann hängen sie wieder neue Würmer an die Haken.

Auf unserm Dampfschiff standen vorn drei Kanonen, eine große und zwei kleine: Am Hintertheil wehte eine blauweiße Fahne. Der Steuermann stand hinten auf einem erhöhten Platze und drehte das Steuerrad. Für den Kapitän war ein Platz in der Mitte des Schiffes, nicht weit von der Maschine. Es war eine Art hohe Brücke, nach welcher an jeder Seite eine Treppe hinaufführte. Es durfte dort Niemand anders hinauf.

Unten im Schiff waren zwei Kajüten wie hübsche Stübchen mit Fenstern. Das Wasser war noch etwa einen Fuß draußen unter den Fenstern. Durch die Fenster konnte man gerade auf das Wasser hinaussehen. Wenn es aber Wellen schlägt, werden die Fenster dicht zugeschoben.

Am Anfange dieses Briefes habe ich Dir das Dampfschiff hingezeichnet, dann auch ein Stückchen Ufer vom See, die Fischer und den Platz, wo wir ausstiegen. Der Vater hat die Zeichnungen dann ein wenig verbessert.

Nachdem wir mehrere Stunden lang an dem einen Ufer des See's hingefahren waren, kamen wir an das obere Ende desselben, nach Seeshaupt. Dort stiegen wir an das Land. Der See ist mehr als fünf Stunden lang und über eine Stunde breit.

Die Zeit ward mir aber gar nicht lang, denn es fuhr sich so wunderschön ruhig und fortwährend gab es etwas Neues zu sehen

für Deinen
Bruder Hermann.

Landungsplatz in Seeshaupt

Der Kochel-See mit dem Herzogenstand.

4.

Nachenfahrten über den Kochel- und Walchen-See.

Ein Wägelchen nimmt uns in Seeshaupt auf. Es hat außer dem Bock für den Fuhrmann gerade Raum für uns Beide. Das kräftige Pferd trabt auf gut gebahnter Straße munter dahin. Wir kommen durch Fichtenwälder mit Brombeeren, Heidelbeeren und delikaten Himbeeren, allein sie bleiben heute blos Schaugerichte für uns; wir dürfen hier nicht verweilen.

Auch zahlreiche Tollkirschstauden stehen am Wege in voller Blüte. Dann folgen Felder mit Getreide, Wiesen mit blühenden Blumen, See'n mit Schilf umwachsen und Wasserhühner darauf, Hügel und mäßig hohe Berge mit Kapellen und Kreuzen auf dem Gipfel.

Die Dörfer, durch welche wir fahren, zeigen schon ein auffallend abweichendes Ansehen. Die Häuser sind zum größten Theile aus Holz hergestellt, nur die Grundmauern von Stein, die Dächer mit Bretschindeln gedeckt und mit bemoosten Steinen belegt. Am obern Stock läuft eine Holzgallerie hin, verziert mit mancherlei Schnitzwerk. Auch am Hausgiebel hat der Holzschnitzer vielerlei Kunstwerke angebracht: Löwenköpfe und Drachen und in der Mitte ein Kreuzlein.

Mitten im Dorf ist ein freier Platz: hier steht eine thurmhohe Tanne. Aeste und Schale sind abgetrennt, nur an der obersten Spitze steht noch eine Krone von Zweigen. Bänder flattern daran. Am ganzen Stamm hinauf sind in gleichmäßigen Abständen wagerechte Stangen eingefügt, die vielerlei bunte Figuren aus Holz tragen. Unser Fuhrmann erzählt uns: es sei der Maibaum, den die Burschen des Dorfes zum ersten Mai zur Frühlingsfeier hier aufrichten. Die Figuren stellen die Leidensgeschichte Jesu vor, dazwischen sind aber auch bunte Wappen und zu unterst vier Armbrüste, ein Ueberbleibsel aus alter Zeit, in welcher durch dergleichen Zeichen der Heerbann im Lande aufgeboten ward, wenn Krieg drohte. Altdeutsche Frühlingsfeier, christliche Passionserinnerung und mittelalterliches Landesaufgebot, Alles an einem Baume verschmolzen! Der Baum bleibt stehen. Zum nächsten Mai wird er verkauft und der Erlös im Wirthshaus vertanzt und verjubelt. Der Gemeindewald liefert dann einen neuen.

Pfingstbaum.

Weiterhin führt der Weg zwischen weiten Sumpf- und Torfflächen hindurch, auf denen das Wollgras mit seidenen weißen Haarbüscheln im Winde Wellen schlägt. Eine Brücke bringt uns über die Loisach. Jetzt geht's durch Felder mit reifem Getreide, dann bringt uns die Poststraße nach Benediktbeuern. Hier haben die Mönche vor Alters das Bier erfunden, wie man erzählt; wir trinken deshalb ein Glas zu ihrem Andenken.

Ansehnlich hohe Berge liegen im hellen Sonnenschein jetzt bereits dicht vor uns. Links ragt die Benediktenwand schroff empor, als sei sie ganz uner= steigbar. Auch rechts treten die Berge näher und näher heran, bis sie uns end= lich umzingeln. Wir gelangen nach Kochel und wandern zu Fuß nach dem See. Eine hübsche Laube droben beim Jägerhaus gewährt einen freien Blick auf den dunkeln Kochel=See und rechts auf seine Verlängerung, den Röhr=See.

Bauernhaus in den Alpen.

Gerade im Süden steigt der Farchenberg mit seiner Kegelspitze, dem Herzogenstande, vor uns auf. Wolken verschleiern abwechselnd sein Haupt. Die tiefern Gehänge und Vorstufen sind von dunkelem Schwarzwald bedeckt. Im See zeigt sich dasselbe Bild umgekehrt. Wolken ziehen auch tief drunten im Wasser.

Ein Fischerknabe fährt uns im leichten Nachen über den finsteren See. Das Wasser ist so klar und durchsichtig und doch so dunkel. Wir sehen die Fisch= chen tief unter uns spielen. Diese Alpenseen sind sehr tief. Fast dritthalbhundert Fuß Tiefe hat man im Kochel=See gemessen, also ziemlich zwei Kirchthurm= höhen. Die Loisach strömt an der einen Seite herein, an der andern verläßt sie den See wieder und windet sich dann durch sumpfiges Gelände langsam weiter.

Ein Alpensee.

Von den Bergen dicht in der Nähe stürzen mehrere Bäche in rauschenden Wasserfällen herab in den See. Letzterer ist zwar eine Stunde breit und anderthalb Stunden lang, er scheint uns aber viel kleiner, da er zum großen Theil von hohen, steilen Bergen umschlossen wird, die aussehen, als wären sie uns nahe. Erst wenn wir morgen drüben den Farchenberg und den Herzogenstand besteigen, wird es uns deutlich, daß sie noch ziemlich entfernt und anständig hoch sind, obgleich sie eigentlich nur zu den Vorbergen der Alpen gehören.

Die Bootfahrt über den See ist bezaubernd. Der Nachen gleitet so ruhig über die blanke Fläche, die Sonne spiegelt sich in den zahllosen kleinen Wellchen: es scheinen tausend und abertausend Lichtflämmchen auf dem Wasser zu tanzen; jetzt hier, jetzt dort, jetzt allenthalben, je nachdem der Luftzug die Oberfläche des See's kräuselt. Ein Heer leuchtender Elfen oder Wassergeisterchen scheint uns zu begrüßen und willkommen zu heißen.

Nach kurzer Fahrt berührt der Nachen das Land. Wir sind an der Straße nach Walchensee und schreiten fürbaß. Zwei Wasserfälle am Wege gewähren interessante Unterbrechung der Waldeinsamkeit. Bei dem ersten stürzt ein einfacher Strahl im Hintergrunde einer schmalen Felsschlucht durch ein kreisrundes Loch, das er sich im Kalkfelsen ausgearbeitet. Der zweite größere Fall jagt sein Wasser in toller Hast über Klippen hinunter, daß der feine Wasserstaub weit umhersprüht und als Nebel über den dunkeln Grund dahin zieht.

Die breite Poststraße ist mit vieler Kunst und Arbeit dem Felsen abgerungen. Fast zwei Stunden lang steigen wir aufwärts bis zur Höhe des Kesselbergs. Hier öffnet sich dem Blick ein neues Thal, der weite Kessel des Walchen=See's, ringsum von mächtigen, unten bewaldeten Bergen umgeben, deren obere Spitzen kahl und felsig hinaufragen. Im fernen Hintergrunde schimmern im Lichte der Abendsonne die Gipfel des Karbendel=Gebirges. Rechts führt der Fußpfad nach dem Herzogenstande hinauf. Wir werden ihn morgen weiter verfolgen. Jetzt wenden wir uns frohen Muthes thalab, treffen am Ufer des Walchen=See's ein einsames Haus und bei diesem einen Kahn. Bald findet sich auch ein Fischer, der gern bereit ist, uns nach dem Orte Walchensee überzufahren, der in einer Stunde Entfernung am Ufer des See's liegt.

Die Sonne hat sich bereits hinter den hohen Berggipfeln verborgen, Schatten lagern sich über die Fluten des dunkelgrünen Wassers. Am Ufer zieht sich ein breiter Streifen von wunderbar schöner, hell smaragdgrüner Farbe. Sie haben gar manches Wunderbare in ihrer Färbung, diese Alpen-Seen: manche erscheinen fast schwarz, andere tiefblau, wieder andere grün.

Woher diese Färbungen stammen, ist noch nicht genügend erforscht. Wol mögen die Tiefe des Wassers und die Beschaffenheit des letztern die Hauptursachen davon sein. So wie links und rechts hier die Berge steil aufsteigen, dicht am Rande des See's, so stürzen sie auch unten im Wasser noch tief mit Klippen und Schluchten hinab. Der Walchen=See ist an seinen tiefern Stellen mehr als 600 Fuß tief, hat also gleiche Tiefe mit der Nordsee.

Aus den Bergschluchten ringsum bringen die Gießbäche den Samen manches Blümchens mit hernieder, das sonst nur hoch droben in der Nähe der Gletscher gedeiht. Es sprießt am Ufer des See's und treibt hier Blüten neben dem kühlen Wasser gleich einem freundlichen Gruß aus der Höhe. Aus jenen Schluchten fahren aber auch gleich wilden Dämonen zu Zeiten Windstöße hervor, peitschen den See zu Wellenschaum und stürzen den kleinen Nachen um, den sie ereilen. Es liegt manch' Menschenkind tief drunten in den Alpenseen begraben, das jubelnd und wohlgemuth vom Ufer stieß!

Ein Saum grüner Matten zieht sich am östlichen und südlichen Seeufer entlang. Dort liegen einzelne Fischerhütten zerstreut, dort auch eine Kapelle; hier rechts nahe vor uns winken die wenigen Häuser von Walchensee, zuvör= derst die Wohnung des Försters, an den Hirschgeweihen am Giebel erkennbar, dann ein Haus mit einem Kramladen, dann endlich das Posthaus, das zugleich Gastwirthschaft hat. Hier nehmen wir unser Quartier. Vom Fenster aus se= hen wir den See vor uns, der dunkler und dunkler wird, wie die Schatten der Nacht sich über die Berge und stillen Fluten legen.

Mitten in der Nacht werden wir munter — ein Traum weckte uns auf. Unendliche Stille ringsum. — Lautlos ruhen Berge und Wälder, unbeweglich im Dunkel liegt die weite Fläche des See's. Nur die Sterne, die droben flim= mern, leuchten auch tief aus den Fluten herauf. Es funkelt drunten so zaube= risch ein zweiter unendlicher Himmel. — So sind wir heute also mitten zwi= schen zwei Himmel gefahren!

Der unterbrochene Traum erzählt uns weiter allerlei Märchen vom Alpen= See: von verschleierten Wasserfeen, die in krystallenen Grotten schlummern, von Seemännern mit Schilfblumen im Haar, von versenkten Kleinodien und funkeln= den Kronen, die tief, tief unten unerreichbar auf dem Grunde des See's liegen.

Und Alles, Alles deckt geheimnißvoll der dunkelgrüne See mit den fun= kelnden Sternen!

5.

Besteigung des Herzogenstandes.

(Die verschiedenen Regionen am Gebirge.)

Sei gegrüßt, du heller Morgen! gegrüßt, du frische Alpenluft! Glückauf zur fröhlichen Bergfahrt!

Noch hat die Sonne nicht die hohen Berge im Osten überstiegen, aber der helle Himmel über uns verkündet ihren Sieg. An den Berghäuptern hängen Wolkenhauben, die Spitzen drüben haben noch Nachtnebelkappen aufgestülpt. Wir hoffen, daß die höher steigende Sonne sie später vertreiben wird.

Wir wandern frisch vorwärts, um uns in der Kühle des Morgens zu erwärmen. Es ist etwas Unvergleichliches mit einer solchen frühen Bergfahrt bei schönem Wetter. Der Thau hängt wie Millionen Silberperlen an jedem Grashalm, an jedem Blatte. Wald und Matten sind wie gebadet, jugendlich frisch, kein Stäubchen liegt auf ihnen! Die breite Fahrstraße bringt uns allmälig bergau.

Purpurne Orchideen und dunkelbraune Akelei nicken von den Rasengehängen, Berggamander und Thymian, Alpenminze und Selaginellen breiten wonnige Teppiche über die weißen Kalkfelsen aus. Hellrothe Primel schauen uns an mit so freundlichen Augen, als wollten sie grüßen!

Ueber uns wölben kräftige Rothbuchen ihr glänzendes Laubdach. Ehrwürdig alte Stämme neigen sich über den See und spiegeln sich in seinen Fluten. Moos und Flechten umhüllen die buntfleckige Borke und bergen die Welt der kleinen Käfer und anderer Insekten, die noch Morgenschlaf hält.

Jetzt verlassen wir die breite Fahrstraße und steigen den etwas steilern Reitweg hinauf. Er wird uns bis zur Spitze des Herzogenstandes führen. Der Buchenwald hört auf, die schönblättrigen Ahorne bleiben zurück. Ernsterer Fichtenwald nimmt uns auf. Der Morgenruf der Finken verstummt, Tannenmeisen lassen sich hören und Spechte hämmern in der Ferne an morschen Stämmen.

Der Wald ist durchforstet worden. Zu dicht stehende Stämme sind durch Axt und Säge gefällt. Sie liegen noch zu beiden Seiten des Weges am steilen Gehänge des Berges und warten auf den Winter, um nach dem See hinunter zu wandern. Einige der mächtigen Bäume hat man gleich sammt dem Wurzelstock ausgerissen, nachdem die stärksten Wurzeln gekappt waren. Der Wurzelschopf ragt wie eine riesige Scheibe jetzt senkrecht empor und trägt noch die Moosbüschel und Rasenloden als grüne Tapeten. Einen der stärksten davon haben die Holzfäller als Hüttenwand benutzt und aus Stangen und breiten Borkenstücken ein Waldhäuschen daran vervollständigt, das ihnen Schutz bei Unwetter und Rast bei der Mahlzeit gewährt. Hier ist noch die Kohlenstelle, an der sie das wärmende Feuer unterhielten.

Es wachsen nur wenig Blumen im Fichtenwald; die herabfallenden Nadeln ersticken sie; das dunkle Gezweig raubt ihnen das Licht. Einige Ehrenpreise schauen uns freundlich mit blauen Augen an, wirtelblättrige Maiblumen und Preiselbeeren wechseln mit gelbblühendem Salbei, rundblättrigem Labkraut und tiefblauen Berg-Kornblumen.

Ziemlich zwei Stunden steigen wir durch den dunkeln Nadelwald immer bergauf, da bringt uns der Pfad in ein weites Hochthal, das sich steil nach dem Berge hinauf zieht. Der hohe Kegel des Herzogenstandes liegt in hellem Son-

nenglanz vor uns, kahl und anscheinend unersteigbar. *) Links und rechts lau=
fen niedere Rücken gleich Rippen herab, ein zackiger Kamm setzt sich nach Sü=
den fort, nördlich aber stürzt der Berg wie eine Wand mehrere Tausend Fuß
schroff in die Tiefe.

Der Wald hat ein Ende, nur einzelne Fichten haben sich vorwitzig in
geschützten Thälern etwas höher gewagt. Manche davon grünen noch mit bu=
schig verworrenen Kronen, andere unterlagen theilweise oder ganz dem Kampf
mit dem Sturm und dem hohen Schneefall. Sie schauen uns mit kahlen, ge=
bleichten Stämmen und Aesten als Baumleichen gespenstisch an.

Ein breiter Gürtel von Buschdickicht umsäumt die Schultern des Berges:
Bergkiefern und Zwergwachholder, Taxus und Stechpalmen, Weiden und
Bergerlen mischen sich unter einander. Am meisten ergötzen uns aber die pur=
purnen Alpenrosen, die hier in breiten, prächtigen Beeten an den Gehängen
sich hinziehen. Jetzt treten bereits ächte Alpenblümchen in Menge auf: immer=
grüner Steinbrech mit rothgelber Blüte, gelbe Veilchen und zartstengelige Si=
lenen begleiten den plätschernden Quell, der in der Senkung des Hochthals her=
abrinnt. Niederer Berg=Ehrenpreis mit großen hellblauen Blumen überzieht
den Pfad, Alpen=Frauenmantel und Felsen=Baldrian klammern sich an das
Gestein. Hie und da ragt die hohe Staude eines Germer mit breiten, rundli=
chen Blättern hervor. Das Buschgestrüpp klettert an den Rücken und Kämmen
ziemlich hoch hinauf, dazwischen hinein ziehen sich aber hellgrüne Kräutermatten.
Das Gehege einer Alpenweide aus Steinblöcken und halbverwitterten Bäumen
bezeichnet die Grenze einer Alpenweide; selbst der Weg ist versperrt, um dem
Vieh das Entlaufen zu verwehren. Wir klettern darüber und nachdem wir den
nächsten Bergriegel überstiegen, begrüßt uns das Gebrüll von Kühen. Eine
kleine Sennhüte liegt vor uns.

Der wettergebräunte Senner theilt bereitwillig sein Brod mit uns. Wäh=
rend wir einer Schüssel Milch tüchtig zusprechen, verläßt uns der Senner und
kehrt nach wenigen Minuten mit zwei kleinen Vogelbauern zurück, in denen er
Kreuzschnäbel verwahrt hat. Er fing die drolligen Vögel, die in ihrem Beneh=
men stark an die Papageien erinnern, auf einem Bergvorsprunge, der nicht
weit von seiner Hütte ist. Dort stellte er in Käfigen Lockvögel unter freistehenden

---

*) Eine Ansicht des Herzogenstandes vom Kochel=See aus giebt das Bild S. 8; das An=
fangsbild S. 14, welches nur die oberste Spitze jenes Berges darstellt, ist von mir selbst aus
dem Gedächtniß entworfen und soll dem jugendlichen Leser nur den bequemen Pfad auf jene
Bergspitze veranschaulichen.   H. Wg.

Fichtenstämmchen auf und besteckte die Zweige mit Leimruthen. Wir erinnern uns, daß ja unsere Zugvögel alljährlich auch Alpenreisen ausführen. Sie wählen dann auch jedesmal ziemlich dieselben Wege in den Hauptthälern entlang und passiren die Bergketten an den bequemsten niedersten Stellen. Ebenso ruhen sie dann fast immer an denselben Plätzen. Die Jungen lernen es von den Alten und diese haben es von ihren Vorfahren gelernt, als sie dieselben begleiteten. Dergleichen Plätze und Straßen kundschaften dann die Vogelsteller aus und machen mit dem Einfangen der Vögel gute Geschäfte.

Nach kurzer Rast klettern wir langsam weiter. Der Weg windet sich in vielfach gebogenen Zickzacklinien steiler und steiler hinauf. Abermals sind wir eine Stunde lang höher gestiegen, — da stehen wir am Fuße des letzten steilen Kegels. Das Buschdickicht hört auf, kahles Felsgeröll beginnt, zwischen dem nur hier und da spärlich noch ein Kräutchen oder Grasspitzchen haftet.

Die Windungen des Weges werden kürzer und kürzer, noch 14 derselben zählen wir bis zur Spitze. Jach stürzt die Wand ab — ein einziger Tritt aus dem Wege würde uns zum Verderben gereichen. Die Böschung ist sehr steil, nichts bietet sich der Hand des Gleitenden zum Anklammern. Ein Straucheln, ein Fall würde hier sicher zum Todessturz. Gehe dicht vor mir her, achte sorgsam auf den Pfad und auf jeden Stein, der im Wege liegt, setze den Bergstock stets nach der obern Bergseite ein. Rolle keinen Stein nach der Tiefe! Er könnte tief unten Jemand erschlagen und dir Schwindel erzeugen. Blicke nicht links und nicht rechts, die Aussicht genießen wir besser oben beim Ruhen!

Jetzt ist die Spitze des Berges erreicht. Eine Holzsäule markirt sie und dient uns beim Niedersetzen als Rückenlehne. So, behaglich hingestreckt auf sonnenwarmes Gestein, bedecken wir Zwei ziemlich den ganzen Gipfel des Berges. Nach allen Seiten geht's schroff hinunter; unendlich aber ist die Fernsicht.

Dort drunten liegen die mächtigen Vorberge mit dunkeln Wäldern, die wir so eben überstiegen. Nach Süden siehst du den Spiegel des Walchen-See's, nördlich den Kochel-See. Weiter hinaus nach dem Tieflande blinken zahlreiche kleine Seen bis zu dem Würm-See, über den uns gestern das Dampfboot trug.

Nach Westen hin erstreckt sich von unserm Sitze aus eine schmale lange Felswand, — ein Gemspfad führt auf ihrem Scheitel entlang. Um keinen Preis würden wir jenen Weg gehen, denn der geringste Schwindel, der geringste Fehltritt brächte uns Tausende von Fußen tief in die Felsschluchten hinab. Nicht weit von unserm Sitze, ein Wenig unterhalb des Gipfels, biegt ein ebenfalls gut gebahnter Seitenpfad ab, der mitten in das wilde Felslabyrinth

hineinführt. Auf einem der schroffsten Vorsprünge ist eine Jägerlaube ange=
bracht; ein festes Geländer schützt vor einem Sturz in die Tiefe, Bänke dienen
zum Ausruhen und ein leichtes Wetterdach bietet Schutz gegen die Sonne.
Jenes Schießhüttchen ist der eigentliche Herzogenstand, schon seit langen Jah=
ren zum Ansitz auf Gemswild für den fürstlichen Herrn eingerichtet, der sich
hier das ausschließliche Recht zur Jagd vorbehalten.

Hinter den Felsen des Heimgartens ragt das mächtige Haupt der Rauheck.
Südlich erscheint der Spitzkegel des hohen Fricken, dann das Wettersteingebirge
mit dem Zugspitz, weiterhin das Karbendelgebirg und in südöstlicher Ferne das
Eismeer der Oetzthaler-Gebirgsgruppe mit zahlreichen Schneespitzen. Letztere
dünken uns nicht gar sehr weit; wir werden aber doch noch sechs Tagemärsche
brauchen, ehe wir sie erreichen.

Auch nach Osten thürmt sich ein ganzes Heer von Bergen, einer hinter den
andern. Wer nennt sie alle mit Namen? Die näheren liegen dunkel gefärbt zu
unsern Füßen, die fernern werden mehr bläulichgrau und violet, bis die fern=
sten Schneehäupter fast im Dunst des Horizontes verschwinden.

Deutlich haben wir bei unserer Wanderung die verschiedenen Gürtel un=
terschieden, welche die abnehmende Wärme an den Seiten des Gebirges ent=
lang erzeugt: zu unterst Wälder aus Laubholzbäumen, dann Nadelholzwald, dann
Buschwald aus niederen Sträuchern, dann Alpenmatten und Kräuter und Grä=
ser, dann kahle Felsen und an den entfernteren Bergen sehen wir die obersten
Theile sämmtlich in Eis und Schnee eingehüllt. Während im Thale der Som=
mer wohnt, herrscht auf den hohen Alpwiesen der Frühling und auf den Gipfeln
thront ewiger Winter.

6.

In den Wolken.

Hermann an seinen Bruder Karl.

Lieber Karl!

Nun weiß ich auch, wie es im Himmel ist, wenigstens in den Wolken!

Du kennst das große Bild in der Kirche mit den vielen Engelsköpfchen, die zwischen schönen, bunten Wolken hervorgucken. Wenn ich das früher ansah, dachte ich immer, die Wolken müßten so weich sein wie Baumwollenbäuschchen und auch so warm halten, da die Engel ja fast immer nackt sind und doch dabei lustig aussehen.

Gestern waren wir in den Wolken, nämlich auf einem Berggipfel, um den die Wolken herumzogen und uns manchmal ganz einhüllten.

Der Berg, auf den wir stiegen, heißt der Herzogenstand. Es führt ein schöner Weg hinauf und wir brauchten mehr als vier Stunden Zeit, ehe wir hinaufkamen. Der Herzogenstand ist mehr als 6000 Fuß hoch, also höher als die Schneekoppe des Riesengebirges und noch einmal so hoch als der Brocken. Hier in den Alpen rechnet man ihn aber doch nur zu den Vorbergen, denn andere Berge, die wir von ferne sahen, sind noch einmal so hoch. Herunter gingen wir einen steileren und kürzern Weg und brauchten nur zwei Stunden dazu.

Wir waren gegen 11 Uhr dort auf der Spitze des Berges, und setzten uns, um auszuruhen und zu frühstücken. Wir hatten uns Etwas zu essen und zu trinken mitgenommen, denn dort oben giebt es kein Wirthshaus. Der Platz auf dem Berge war nicht viel größer, als daß er gerade für uns ausreichte. Es hätten sich höchstens noch drei oder vier Personen dicht daneben setzen können, dann wäre das kleine Plätzchen ganz bedeckt gewesen.

Nach Norden sahen wir in ein tiefes, tiefes Thal hinab, das wol 3= bis 4000 Fuß tief sein mochte. Nach Süden war ebenfalls ein solch' tiefes Thal. Zwischen beiden Thälern befand sich eine hohe Bergwand. Oben war diese Wand ganz schmal, nicht breiter als vielleicht einen Fuß. Dabei war sie ungleich hoch und von vielen Klüften und Spalten zerrissen. Sie fing bei unserm Sitze auf dem Gipfel des Herzogenstandes an und führte hinüber nach einem andern Berge, dem Heimgarten und Rauheck, die wol ½ bis ¾ Stunde entfernt sein mochten.

Die Sonne schien wunderschön warm; wir waren beim Steigen auch warm geworden und banden unsere Tücher um, als wir uns setzten, denn droben auf den Bergspitzen weht der Wind gewöhnlich etwas kühl. Das südliche Thal lag in hellem Sonnenschein, hier war es warm. Das nördliche Thal lag im Schatten und war kühl; es endigte am Kochelsee, der von der Sonne beschienen war. Weiterhin war noch eine ganze Menge anderer See'n, größere und kleinere. Alle funkelten im Lichte wie Silber und blanke Spiegel.

Da sahen wir mit einem Male in dem nördlichen Thale tief unter uns ein kleines weißes Wölkchen. Dann huschte, wie von einem Berggeist hergezaubert, hinter den Klippen eine ganze Schaar ähnlicher Wölkchen hervor. Sie zogen an den Thalwänden hin und hoben sich dabei: die einen zogen langsam, andere bewegten sich rasch, als jagten sie sich. Es sah ganz merkwürdig aus, gerade als ob die Wölkchen lebendige Wesen wären, die mit einander spielten. Es sah noch vielmal hübscher aus als die Wolken, die wir im Theater sahen, als wir Beide mit einander im „Freischütz" waren und die Wolfsschlucht gespielt wurde. Hierbei muß ich dir auch bemerken, daß es hier gar keine Wölfe mehr giebt. Rings um uns war Alles mäuschenstill, blos ein paar Fliegen summten um uns, sonst hörte man keinen Laut. Wer furchtsam oder abergläubisch gewesen wäre, hätte sich einbilden können, er sähe hier eine Versammlung von Geistern und Gespenstern, die von einem Geisterkönig kommandirt würden, jetzt eine Berathung hielten und dann exerzirten.

Der Vater sagte: diese Wolken und Nebel entstünden durch die verschiedenen Luftströmungen. Die warme Luft kommt vom See her und ist reich an Wasserdunst. Sie hebt sich, weil sie leichter ist, und weht deshalb nach dem kalten Thale am Berge herauf. Dabei scheidet sich der Wasserdunst aus in Gestalt von Wölkchen. Wie die warme Luft des Tieflandes und die kalte Luft des schattigen Bergthales mit einander kämpfen, hin und her strömen, so entstehen auch die Wölkchen und Nebel und bewegen sich.

Während wir so dem sonderbaren Wolkenkriege unter uns zusahen, stieg plötzlich dicht vor uns eine dichte, weißgraue Nebelmasse auf und wir fühlten einen feuchten, kühlen Windstoß. Es hob sich eine Wolke an dem Berge empor, auf dessen Spitze wir saßen, und hüllte uns einige Minuten lang ein. Mir wurde fast ängstlich zu Muthe. Es war nur feuchter Nebel, der ziemlich rasch vorbei zog, und von der andern Seite schimmerte immer noch die Sonne etwas durch, aber es kam mir doch ganz unheimlich vor, so daß ich mich fest an die hölzerne Säule anlehnte, die auf der Mitte des Berggipfels steht. Der Vater sagte: gerade diese Wolken und Nebel seien für Bergsteiger das Schlimmste, da die Leute dann nicht weit sehen können und sich leicht verirren. Manchmal wer= den aus solchen Nebeln auch Gewitter mit Regen, Schnee und Hagel, und wen ein solches Wetter droben auf den Bergspitzen überfällt, der kann Gott danken, wenn er mit dem Leben davon kommt. Die Gewitter sollen droben in den höch= sten Gebirgstheilen mitunter ganz schrecklich hausen, so daß selbst die Kühe da= durch scheu werden, wild davon rennen und in die Abgründe stürzen.

Die Wolke, welche uns einhüllte, zog bald wieder vorüber. Nun sahen wir aber das ganze nördliche Thal von einer dichten Nebelmasse erfüllt und das südliche Thal dicht daneben im klarsten Sonnenschein. Von der nördlichen Thalwolke unter uns hoben sich fortwährend einzelne Häufchen etwas empor und zogen zwischen den Klippen hindurch nach dem Sonnenthale hinüber. Sie nah= men dabei wunderliche Gestalten an. Manchmal sah eine solche Wolke gerade aus wie eine Riesenhand und streckte lange, lange Finger vor. Dann ballte sie sich zusammen wie eine Faust. Sowie sie aber in das warme Thal ein Stück= chen hinein kam, ward sie plötzlich klein und — weg war sie! Dann kam eine zweite, die sah aus wie ein großer Kopf mit einer ungeheuer langen Nase und aufgesperrtem Munde! Er gukte zwischen den Felsen hervor, da fiel plötzlich die Nase ab, jetzt auch das Kinn und — jetzt war der ganze Kopf in lauter kleine Stückchen zerrissen, die gleich darauf auch verschwanden.

Jetzt wieder marschirte eine große Wolkenmasse heran. Es sah aus, als wollte der König des kalten Thales einen Feldzug gegen den Sonnenkönig im andern Thale vornehmen und bereite jetzt einen Generalsturm vor. Die Nebel= schichten zogen heran wie ein dichter Schlachthaufen, nur an den Rändern gukten dünne Zipfelchen wie Spitzen von Spießen und Köpfe von Wolkenreitern her= vor. Der Marsch ward rascher und rascher! Nun wird's nicht lange mehr dauern, dachte ich, so werden die Wolken das südliche Thal erobern. Aber nein! sowie die Wolke über den Kamm hinüber war, so ward sie zusehends lichter und lichter und kurz darauf war sie verschwunden. Man sah nicht die Spur mehr davon!

Der Vater sagte: es fände hier gerade der umgekehrte Vorgang statt, wie bei der Entstehung der Wolken im kalten Thale. Kommen die kühlen Nebelmassen in das warme Sonnenthal hinein, so lösen sie sich wieder auf und werden von der heißen Luft aufgenommen und in ihr vertheilt als unsichtbarer Wasserdunst.

Zu derselben Zeit haben oft die verschiedenen Berge und Thäler im Gebirge ganz verschiedene Wärme, je nachdem sie von der Sonne mehr oder weniger beschienen werden. Deshalb finden auch fortwährend Luftströmungen und Winde statt und dadurch entstehen Nebel und Wolken. In dem einen Thale kann es blitzen, donnern und regnen, in dem benachbarten Thale kann zu gleicher Zeit der schönste Sonnenschein sein. Der Vater meinte: wir müssen uns immerhin darauf gefaßt machen, einmal im Regen zu marschiren, denn im Gebirge regnet es viel öfter als im Flachlande und die einheimischen Leute, denen wir begegneten, hatten auch fast jedesmal einen Regenschirm bei sich.

Der Fußsteig, den wir beim Abwärtssteigen einschlugen, führte uns durch das südliche Thal. Mir war dies lieb, denn ich mag den Sonnenschein doch noch viel lieber leiden, als die allerschönsten Wolken. Sie sind immer feucht und kalt und es wird Einem dabei ganz unheimlich zu Muthe. Obschon ich mitten in den Wolken drin gewesen bin, bin ich doch kein Engel geworden, sondern immer noch geblieben

Dein Bruder

Hermann.

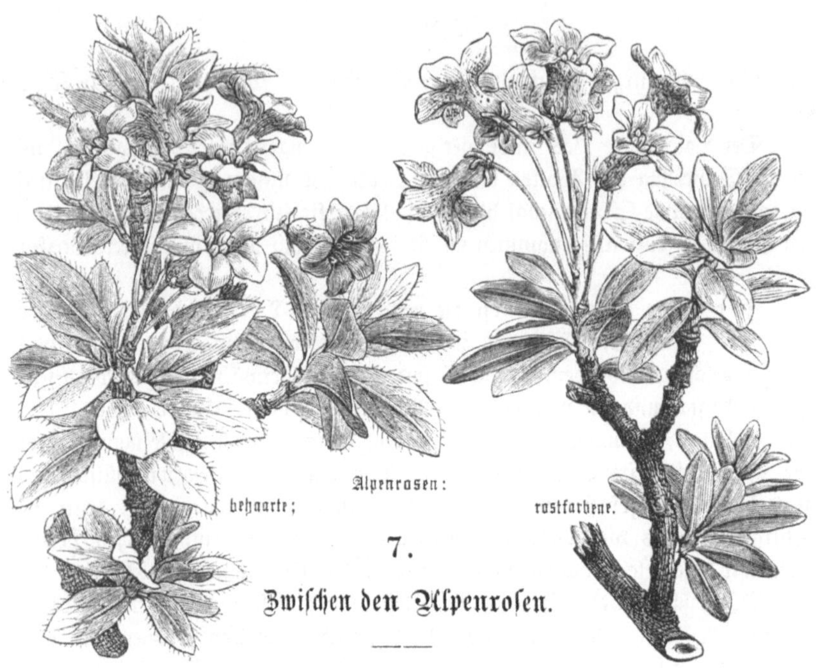

7.

Zwischen den Alpenrosen.

Zwischen den blühenden purpurnen Alpenrosen wollen wir uns lagern. Hier waltet die Alpenluft! Weit, weit unten liegen die Kuppen der niederen Berge, noch tiefer der Wald und ganz drunten blinkt der Spiegel des See's. An seinem Ufer liegen die Häuser wie Pünktchen. Weit in der Ferne verschwimmen Berge und Thäler, Städte, Dörfer, Felder und See'n in duftigem Nebelschleier.

Die Sonne strahlt warm vom dunkelblauen, klaren Himmel. Kaum ein Lüftchen regt sich. Kein Laut ist zu hören, als das Summen der Fliegen über den Blüten.

Am ganzen Bergabhange hin zieht sich die Blumenpracht, reicher und üppiger als je eines Hofgärtners Kunst im fürstlichen Lustgarten Azaleen- und Rhododendren-Gebüsche geordnet. Aus dem glänzend frischen Laube quellen dichte Blumensträuße im feurigsten Purpur. Die länglich runden, zolllangen Blätter hat der Morgenthau sauber gewaschen. Da ist nirgends ein Stäubchen zu sehen. An den fünftheiligen Blumenkronen, die wie Kelche aus Rubinglas schimmern, hängen noch die feinen Nebeltröpfchen gleich einem Silberbesatz und die Staubgefäße, je zehn in einer Blüte, schauen hervor, als seien sie aus Golddraht gemacht, das Meisterstück eines Hofjuweliers.

Auf dem weichen Moospolster unter den mehr als fußhohen Büschen der Alpenrosen liegen zahlreiche kleine braune Schuppen. Sie hüllten während des Winters die Zweigknospen der Alpenrosen ein, schützten die jungen Blätter und die weichen, feinen Blumenknospen vor der bittern Kälte, just wie ein zartes Menschenkind warm und weich eingehüllt wird. Der Schnee lag ellenhoch oben darauf. Nur die Schneehühner hatten sich hier einen Versteck eingescharrt und pickten die Samenkörnchen aus den reifen, aufgesprungenen Kapseln. Endlich nahm die warme Maisonne den weißen Teppich hinweg. Der Föhn, der warme Südwind, fegte die letzten Fetzen davon ins Thal; die Knospen sprangen und streckten sich, die Winterschuppen fielen zur Erde und die jungen Zweiglein mit den hellgrünen Blättern und der purpurnen Blütenpracht breiteten sich aus. Anfänglich sind die Blätter auf beiden Seiten frischgrün, im Herbst werden sie auf der Unterseite gelblich bestäubt. Im Winter fallen sie nicht ab. Die Alpenrosen sind immergrün. Im zweiten Jahre sind die Blätter auf der Unterseite ganz rostfarben. (Siehe Anfangsbild S. 23 rechts: rostfarbene Alpenrose.)

Eine zweite Art vom Geschlechte der Alpenrosen, welche die Kalkalpen bevorzugt, trägt rings an dem Blattrande feine Wimperhaare. Die Unterseite der Blätter ist weniger bräunlich, mehr grün. (Siehe Anfangsbild links: behaarte oder wimperblättrige Alpenrose, beide in natürlicher Größe.) Das Roth der Blüten ist bei beiden Arten manchmal dunkler, ein andermal heller, ganz weiß kommen die Blumen nur an seltenen Stellen vor.

Niederliegende Azalee. (Natürliche Größe.)

Noch ein drittes niedliches Pflänzchen derselben Verwandtschaft besitzt die Alp: die niederliegende Azalee, im Blatt fast der Myrthe oder der Rauschbeere ähnlich. Die Blüten sind klein, wenig prahlend, aber ganz niedlich gebaut.

Mit den eigentlichen Rosen unsrer Gärten haben die Alpenrosen nichts weiter gemein, als die Pracht der Farbe. Ihrem Bau nach zählt sie der Pflanzenkenner zu den Verwandten der Heidekräuter und Preiselbeeren. Es wächst hier dichtbei im Gebüsch aber auch eine Alpenrose, sehr ähnlich unsrer Hundsrose, die eine eigentliche Rose ist und die sich dadurch sofort bemerklich macht, daß sie fast gar keine Stacheln hat.

Der Alpenbewohner liebt seine Alpenrosen. Gern pflückt er von ihnen einen herrlichen Strauß und schenkt ihn dann dem Freund oder der Freundin. Schade nur, daß im heißen Sonnenstrahl ein solcher Strauß am Hut gar zu bald welkt und verschrumpft.

Aber weißt du auch, was die Alpenleute von der Entstehung der Alpen= rose erzählen? Ein Märchen ist's, das ganz - an die griechischen Blumen= märchen von der Adonis, Narzisse, Hyazinthe u. s. w. erinnert, ebenso an jene Sage von dem stolzen Ritterfräulein auf dem Kynast am Riesengebirge.

Es wohnte in uralter Zeit, so erzählt man, ein Mädchen im Alpenlande, die ebenso hoffärtig wie schön war, eben so gefühllos im Herzen wie lieblich von Angesicht. Kein Bursche im Lande war ihr gut genug und Jeden, der um sie anhielt, schickte sie mit Spott und Hohn wieder heim. Da geschah es, daß einst ein wackrer Bursch, Namens Hans, um ihre Hand warb. „Wenn du mir einen Strauß Flühblümli dort von der Felswand holst, wo sie am schönsten sind, will ich dir gewähren!" antwortete sie. Sie meinte aber, der Hans würde sich das nimmer getrauen, denn noch kein Mensch hatte jenen Felsen erklom= men und Jeder hielt ihn für unersteigbar, sie selbst auch. Der Hans aber ver= sucht's doch, klettert wie ein Eichkätzchen an der Wand hinauf und erreicht schon die Blumen, — da wankt ein Stein unter seinem Fuß, — er stürzt und liegt zerschmettert unten am Wege, die Flühblümli noch in der Hand. Da kommt das hoffärtige Mädchen daher und sieht den Hans mit den Blumen todt in seinem Blute. Schreck und bittere Reue machen sie wahnsinnig. Aus dem Blute des Hans aber sprossen rothe Blumen auf, die Alpenrosen, und warnen jedes Mädchen der Alp vor sündhaftem Hochmuth und frechem Spott.

Felsen-Ehrenpreis. (Natürliche Größe. S. 34.)

8.

Nachtlager in der Sennhütte.

Hermann an seinen Bruder Karl.

Lieber Karl!

Laß dir erzählen, wie's mit den Sennhütten und mit dem Alpkäse ist, jetzt weiß ich's!

Ich freute mich königlich, als der Vater sagte: wir würden zu Nacht in einer Sennhütte bleiben und dort schlafen. Du wirst noch wissen, als wir im Theater „Das Versprechen hinterm Herd“ gesehen hatten, wie uns da die Sennhütte so gut gefiel und uns die Sennerin so großen Spaß machte. Sie sang recht hübsch und Alles sah so nett aus. Nun dachte ich: wenn vollends die schönen Alpenblumen und ordentliche Kühe mit Glocken dabei sind, dann muß es noch vielmal hübscher sein als auf dem Theater.

Richtig! Gegen Abend kamen wir auch zu einer Sennhütte. Wir waren mehrere Stunden lang bergauf geklettert und gehörig müde, hungrig und durstig. Zuletzt war das Wetter nebelig und kalt geworden, wir waren feucht und fröstelten.

Der Platz, auf dem die Sennhütte stand, wollte mir gar nicht gefallen. Es war ringsum naß und kothig. Der Führer sagte aber: man baue die Sennhütten gern in die Nähe von Wasser, weil man Wasser brauche. Man leite sogar mitunter eine Wasserrinne durch die Milchkammer, wenn sich's thun lasse.

Die Kühe waren tüchtig in dem Koth herumgetreten und ein Paar Schweine grunzten uns zum Willkommen an. Sie hatten Ringe von Eisendraht durch die Nase. Es wurde mir gesagt: dies geschähe, damit sie nicht die Alpweide zerwühlten. Gefüttert werden sie mit dem Molken, der beim Käsemachen übrig bleibt.

Um die ganze Sennhütte stand ein Dickicht von Alpen-Ampfer, den die Kühe nicht fressen mögen. Die Wände waren unten von Steinen gebaut, oben aus Holzstämmen, die an den Enden in einander gekrempt werden. Die Lücken hatte man mit Moos zugestopft. Auf dem Breterdache lagen wie gewöhnlich große Steine, damit der Wind die Schindeln nicht fortwehe.

Auf einigen großen, holprigen Steinblöcken kletterten wir nach der Thür. Diese war durch ein kleines Gitter verwahrt. Zunächst gelangten wir in einen Stall mit Kälbern. Als Streu war Moos darin. Dann kam erst die eigentliche Holzthür mit einem Schloß, auch von Holz, einem Riegel mit eingeschnittenen Zähnen. Jetzt traten wir ein und begrüßten die Sennerin. Sie war bereit, uns zu behalten. Sie sah aber ganz anders aus als jene auf dem Theater. Es war eine alte, sehr kräftige Frau mit Runzeln im Gesicht, die schon 30 Sommer auf die Alm gezogen war. Die Senner suchen eine besondere Ehre darin, ein recht schmutziges Hemd zu haben. Sie meinen, man erkenne daran die fleißigen Arbeiter. Die alte Sennerin schien ihrem Hemd nach sehr fleißig zu sein. Außer ihr war aber auch noch eine junge Sennerin da, eine Elevin, erst 16 Jahr alt, aber wie es schien auch so fleißig wie die 30malige. Ihr Röckchen war unten in lauter Streifchen zerschlitzt, nicht künstlerisch, rein natürlich, von selbst. Auf den Alpen ist Alles reine Natur. Anfänglich glaubte ich, sie habe dunkle Strümpfe an, — es waren aber die lebendigen Beine.

Wir legten unsere Sachen ab, setzten uns und sahen uns die Sennhütte von Innen an. Dielen gab's nicht, es war die nackte Erde. An einer Wand hin lief eine Holzbank. Ein Tisch war auch vorhanden, freilich ein wenig klein; er konnte an der Wand in die Höhe geklappt und auf ein bewegliches

Bein heruntergelassen werden. Er war sehr rein gescheuert, ebenso waren alle
hölzernen Milchgeschirre sauber, weiß und rein. Die Wände dagegen waren
von Rauch desto schwärzer.

In einem Winkel war ein Holzfeuer an der Erde, links und rechts daneben
Steinmauern, mit Ruß überzogen. Dies war der Herd. Hier konnte sich Nie=
mand dahinter verstecken. Es giebt aber auch viele Sennhütten, in denen ein ge=
mauerter Herd ist. Neben dem Feuerplatze stand ein starker Pfahl.

Inneres einer Sennhütte.

Oben an demselben ging ein Querarm rechtwinklig herüber, der sich drehen
ließ. Er sah fast aus wie ein Galgen aus alter Zeit. An diesem Arme hing
eine Eisenstange mit großen Sägezähnen und hieran der Kessel.

Ein Fenster war nicht vorhanden. Die Decke ward durch das Dach gebil=
det. Ein Loch war in derselben. Durch dieses zog der Rauch hinaus, d. h.
wenn er Lust hatte. Etwas Licht kam auch herein, freilich auch Nebel und Wind.

An der Wand gegenüber stand eine große, feste Bettstelle mit Heu und ein
grobes Stück Zeug darüber als Betttuch. Eine dicke Decke stellte das Deckbett
vor. Sie war natürlich auch ein wenig angeräuchert und jetzt feucht vom Nebel.

Zum Willkommen bot uns die Sennerin einen großen Holznapf voll Milch. Jeder faßte ihn mit beiden Händen und trank nach Belieben. Das wäre ein Fest für Dich gewesen. Du hättest können trinken, so lange Du es vermocht hättest. Dann machte die Sennerin einen Schmaren zurecht. Sahne und Mehl und Butter ward in einem Eisentiegel über dem Feuer gebraten und fortwährend umgerührt, dann der Tiegel auf den Tisch gestellt. Der Vater bekam einen ganzen Blechlöffel und ich einen halben, denn es war kein Stiel daran. Der Führer hatte einen hölzernén. Der Schmaren schmeckte aber höchst delikat, noch viel besser als gebratenes Milchmus oder ein Pfannkuchen-Rand.

Als es dunkel ward, brannte die Sennerin einen langen Holzspan an und steckte ihn in eine eiserne Klammer neben dem Herde. Das war die Lampe.

Der Vater ließ sich erzählen, wie der Käse gemacht würde. Zu dem fetten Alpkäse bleibt die Sahne in der Milch. Die Milch kommt in den Kessel und es wird ein wenig Lab zugeschüttet. Das Lab wird aus einem Kälbermagen gemacht, den man einsalzt. Das Salz zerfließt und davon nimmt man einen Löffel voll. Dann wird die Milch ein wenig warm gemacht und gerinnt. Die dicke Käsemasse schöpft die Sennerin mit einem großen Sieblöffel in einen Sack und beschwert diesen mit einem Bret und Steinen, damit der Molken herausläuft.

Zu dem übriggebliebenen Molken im Kessel schüttet sie dann ein wenig Essig und macht das Feuer etwas stärker. Dadurch gerinnt der Molken noch einmal. Aus der Käsemasse, die beim zweiten Gerinnen ausgeschöpft wird, macht man den sogenannten Zieger oder Schabzieger. Diesen essen die Senner oft statt Brod.

Der Vater und ich schliefen in dem Bett der Sennerin, die Andern krochen ins Heu. Wir wickelten uns ein, so gut es gehen wollte, denn der Wind blies den Nebel durch die Dachluke herein. Ich schlief auch leidlich, der Vater meinte aber: es sei Schade, daß unter den vielen schönen Alpenblumen nicht das Bertramkraut öfter stünde, aus dem das Insektenpulver gemacht wird. Es würde sich dann vielleicht in den Sennhütten besser schlafen.

Wir erfuhren, daß in manchen Sennhüten die Schlafstellen über den Ziegen- oder Schweineställen sind. Dann hat der Reisende nicht nur den Duft der Ziegen und Schweine noch neben der würzigen Alpluft, sondern auch Nachtmusik, denn jene Thiere lärmen fast fortwährend.

Früh genossen wir eine Milchsuppe, dabei ließ sich das Brod auch besser zerbeißen. Ohnedies war es steinhart und dünn, fast wie ein Stück Pappe. Die Sennerin rieb unsere Schuhe mit Fett ein. Da sie keine Bürste besaß, nahm sie die Hand dazu. Dann schieden wir.

Ich fragte unsern Führer, warum die Sennerinnen ihre Hütten nicht besser einrichteten, da sie doch jedes Jahr darin wohnten. Er sagte: diese Alp wäre nur schmal, ginge aber weit am Gebirge hinauf. Die Senner hätten drei Mal Hütten am Berge hinauf. Beim Anfange des Sommers zögen sie nach der untersten Hütte, ein paar Wochen später nach der zweiten und nach wieder ein paar Wochen nach der obersten. Oft müßten sie aber schon nach zwei oder drei Tagen wieder hinunter ziehen, wenn oben viel Schnee fällt und liegen bleibt. So wären die armen Leute fortwährend auf der Wanderschaft, hätten ein sehr mühseliges, beschwerliches Leben und müßten sich mit dem Nothbürftigsten behelfen. Zudem sind die Sennerinnen nur die Kuhmägde und Käsemacherinnen der Bauern. Die Herren wohnen nicht in den Sennhütten und haben wenig Lust, Geld zum Schönmachen derselben auszugeben, besonders da im langen Winter wieder Vieles zerstört wird.

Es giebt aber auch Sennhütten, die viel schöner sind: Dielen, Fenster, besondere Schlafkammer, Teller, Messer und Gabeln haben. In einer sah ich sogar einen Spiegel und ein paar Bilder. Die meisten Sennhütten, Sennerinnen und Senner waren aber nicht so nett wie die auf dem Theater und die Sennhütten kamen mir vor wie etwas bessere Kuhställe. Wenn ich nach Hause komme, wollen wir einmal eine aus Steinen und Holzstückchen bauen; es ist nicht gar schwer. Den Grundriß bringt Dir mit

Dein

Hermann.

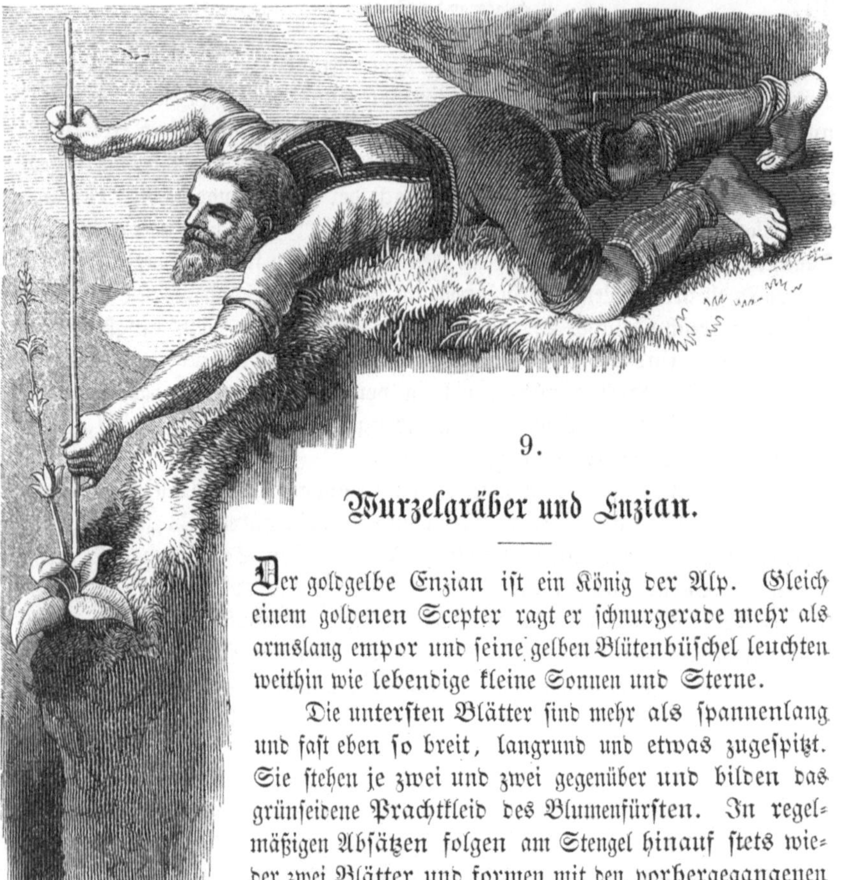

9.

Wurzelgräber und Enzian.

Der goldgelbe Enzian ist ein König der Alp. Gleich einem goldenen Scepter ragt er schnurgerade mehr als armslang empor und seine gelben Blütenbüschel leuchten weithin wie lebendige kleine Sonnen und Sterne.

Die untersten Blätter sind mehr als spannenlang und fast eben so breit, langrund und etwas zugespitzt. Sie stehen je zwei und zwei gegenüber und bilden das grünseidene Prachtkleid des Blumenfürsten. In regel= mäßigen Absätzen folgen am Stengel hinauf stets wie= der zwei Blätter und formen mit den vorhergegangenen ein Kreuz. Sie werden, je weiter nach oben, desto kürzer, umfassen mit herzförmigem Grunde den Stengel und bilden den lebendigen Einfaß zu den Blütenbüscheln, die gleich goldenen Klei= nodien hier hervorschimmern. Jede Blume hat einen gelbgrünen, zarthäutigen Kelch, der fast wie ein Hüllblatt aussieht. An einer Seite ist er gespalten. Die Blumenkrone ist so tief in fünf Theile zerschnitten, daß es aussieht, als seien es einzelne Blätter. Zwischen den goldgelben Blumentheilen schauen fünf Staub= gefäße hervor, aus denen weißgelblicher Blütenstaub quillt. Im Innern der Blume steht der schlanke, kegelförmige Stempel. Er trägt auf seiner Spitze zwei kurze, gekrümmte Narben und sieht dadurch fast aus wie eine antike Urne.

So weit dein Auge an der Berghalde sehen kann, wirst du sofort den echten Enzian zwischen den andern Alpenblümchen hervorleuchten sehen. Er beherrscht sie alle durch seine Größe und seinen schlanken Wuchs. Selbst die Stauden, die noch nicht alt genug sind, um Blütenstengel zu treiben, machen sich durch die großen, breiten Blattbüschel kenntlich, die den Wurzelschopf bilden.

Die Wurzel bohrt sich tief ein zwischen Schutt und Grus in den Felsgrund. Sie wird stärker als ein Daumen und so lang wie ein Kinderarm. Es ist gar nicht so leicht, sie auszuziehen. Schneide ein Stück davon ab und spalte es. Es sieht gelblich aus, beinahe wie Süßholz; koste den Saft, — er ist gallenbitter!

Nicht bei jeder Blume der Alpen ist es rathsam, den Saft zu kosten; manche ist giftig. Wollte Einer die Enzianwurzel verzehren gleich einer Möhre, so möchte sie ihm auch nicht gut bekommen. Der Aelpler preist sie aber hoch und mancher arme Mann aus dem Alpdorfe zieht aus, Enzianwurzeln zu graben.

Der Wurzelgräber versieht seine Schuhe mit Steigeisen und seinen langen Bergstock mit einem tüchtigen Stachel, denn nicht immer stehen die Enziane bequem auf schöner Matte. Viele sprießen aus steiler Bergwand, an welcher der Fuß nur mit Schwierigkeit haftet. Andere stehen auf schmalen Steingesim= sen und Felsbändern, die an den schroffen Gehängen entlang ziehen. Mit Schwindel darf der Wurzelgräber durchaus nicht behaftet sein. Ueber den gäh= nenden Abgrund hinweg muß er die lange Wurzel tief aus dem Grunde aus= ziehen und darf nicht schwanken und straucheln dabei. Von oben herab stürzen nicht selten Steine, abgelöst durch weidende Ziegen oder Gemsen. Adler und Lämmergeier bedrohen ihn, wenn er an der kahlen Wand klebt gleich einem Ziegenlamm, das sich verstiegen hat. Sie stoßen auf ihn herab und versuchen durch plötzlichen Flügelschlag ihn in den Abgrund zu schleudern. Das mürbe Gestein weicht gelegentlich unter dem Fußtritt. Nebel verhüllen den Pfad zur Rückkehr; Lawinen und Bergstürze drohen dem Wurzelgräber so gut wie jedem andern Bergsteiger, der sich in die wilden Gründe der Alpen hinein wagt.

Bei den vielen Gefahren, die dem armen Manne drohen, ist es kein Wun= der, daß seine Einbildungskraft ihm Gespenster und böse Dämonen vormalt, die in den zerrissenen Schluchten heimtückisch lauern und die Wurzelschätze be= hüten. Er meint: sie betrachten ihn als einen Räuber, der ihre Kleinodien stehle, und sie seien bestrebt ihm zu schaden.

Nicht jeder Wurzelgräber kehrt glücklich mit Beute zurück. Mancher liegt zerschmettert im wilden Tobel und Niemand findet seine Gebeine. Schnee und Schutt bedecken sie.

Auf einsamer Matte hoch droben im Gebirg steht ein kleines Blockhaus. Das Dach ist mit Schindeln gedeckt und mit Steinen beschwert. Es scheint von ferne eine Sennhütte zu sein; trittst du näher, so merkst du den Unterschied. Es ist hier kein Gehege für's Milchvieh, auch sonstige Viehspuren fehlen, — du stehst vor einer Branntweinhütte, einem Laboratorium für Alpen-Arznei.

a. Gelber Enzian. b. Purpur-E. c. Stengelloser E. d. Aufgeblasener E. e. Frühlings-E. (Natürl. Gr.)

Der Wurzelgräber bereitet gleich hier aus den Enzianwurzeln einen bittern Branntwein, der von den Aelplern als Medizin hochgerühmt ist. Bei schwachem Magen und Gicht, auch wol zur Nachkur bei Fieber, wird er als heilsam gepriesen und fast jeder Alpenbewohner hat in seinem Hause ein Fläschchen mit Enzianbranntwein, um sich bei Krankheitsfällen auf eigene Faust damit zu helfen.

Wie sollten die armen Leute auch die Hülfe des Arztes und Apothekers erlangen, wenn sie vielleicht eine Tagereise weit nach dem nächsten großen Orte zu wandern haben, in welchem Arzt und Apotheke zu finden sind! Jeder hilft sich, so gut als er kann. Liebstöckel und Engelwurz, Bärwurz, Bergwohlverleih und Nießwurz, Wehrmuth und Bergraute und noch manches andere Alpkraut wandert in die Hausapotheke des Aelplers. Von dem einen kocht er Thee, aus den andern preßt er den Saft. Von diesem benutzt er die Blätter, von einem zweiten den Samen, von einem dritten die Wurzeln. Die geschätzteste Wurzel aber ist, wie gesagt, diejenige vom gelben Enzian. Der Aelpler gießt Brannt=wein darauf und zieht dadurch den heilsamen Bitterstoff aus. Mitunter setzt er sie auch dem Bier zu. Freilich mag's auch einmal vorkommen, daß Einer die Enziantropfen trinkt, weil sie Branntwein sind, sich selber aber dabei vorsagt, er thäte es seiner Gesundheit zu Liebe.

Was von den Enzianwurzeln nicht im Alpenlande selber verbraucht wird, wandert in Bündeln und Packen zum Apotheker ins Flachland. Außer der Wurzel des gelben Enzian gräbt der Wurzelsucher auch jene des purpurrothen, die eben so bitter ist, mitunter auch von noch ein paar nahe verwandten Arten. Mancher Kranke im fernen Norden von Deutschland oder in andern Theilen Europa's erhält nach schwerer Krankheit Heilung durch Arzneien, welche ihm die prächtigen Enzianen der Hochalpen senden.

Der echte Enzian ist der einzige seiner Verwandtschaft, der hellgelbe Blu=men mit tiefzerschlitzten Theilen trägt. Seine übrigen Namensvettern strahlen gewöhnlich im prachtvollsten Himmelblau, mit Ausnahme einiger rothen und violetten. So blüht gleich hierbei auf derselben Alpenmatte der bauchige Enzian (Fig. d.) mit zartem Stengel, kleinen blauen Blumen und aufgeblasenem Kelch, ferner der bayrische mit weißen Streifen in der Blumenröhre, der stengellose (Fig. c.) mit köstlichen Blütentrichtern von der Länge eines kleinen Fingers. An andern Stellen treffen wir den eben so schön blauen Schnee=Enzian, den Frühlings=Enzian, Gletscher=Enzian und andere. Bei ihnen sind die Blüten unten röhrig, ihr Saum ist in vier oder fünf Theile gespalten, sternförmig aus=gebreitet und bei einigen noch mit blauen oder weißen Schlundblättchen versehen.

Mit ihnen gesellschaftlich kommen auch die eben so schön blauen und theil=weise eben so bittern Ehrenpreis=Arten (siehe Abbildung S. 24, Felsen=Ehren=preis) vor. Beide Gattungen gehören zu den schönsten Blumen der Alpenmat=ten, die keinem Alpenstrauß fehlen.

10.

Der angehende Gemsjäger.

Hermann an seinen Bruder Karl.

Lieber Karl!

Beinahe wär' ich gestern ein Gemsjäger ge=
worden. Ich will Dir erzählen, wie das zuging.
Ich bin ganz glücklich, daß ich Gemsen gesehen
habe, wilde nämlich, nicht solche im Thier=
garten, und auch einen ordentlichen Gemsjäger.

Wir kamen gestern Mittag in eine Senn=
hütte und ließen uns einen Schmaren zum
Mittagsbrod machen. Da saß auch ein Gems=
jäger auf der Bank und rauchte aus einer
kurzen Pfeife. Der Vater fragte ihn: ob er
uns einen Weg führen wolle, auf dem wir
vielleicht Gemsen sehen könnten und der für
uns nicht zu gefährlich wäre. Die Gemsjäger
sind verwegene Leute, die auf einem Dachfirste einen Hopser tanzen, ohne zu

3*

fallen. Er sagte: vielleicht werde sich's machen lassen; anfänglich müßten wir zwar „a Bissel klettern, gefährlich wär's aber nit."

Dieser Gemsjäger hatte eine dicke graue Jupe an mit grünem Aufschlag, kurze Lederhosen bis über die Kniee, an den Waden Strümpfe mit dicken, dicken Sohlen, Nägel unten daran so stark wie ein Finger. Die Kniee waren nackt. Um den Leib trug er einen gestickten Gürtel, breiter als eine Spanne. Sein Hut hing an der Wand über dem Doppelstutzen. Hinten am Hut war ein Gemsbart und eine Spielhahnfeder.

Als wir gegessen hatten, marschirten wir weiter, zuerst in ein Thal zwischen steilen Bergwänden. Hier zeigte uns der Jäger viele Fußspuren von Hirschen. Er meinte, sie müßten nicht lange erst hier vorbeigegangen sein. Gestern habe er weiter drunten ein Rudel von 70 Stück auf einer Waldwiese gesehen. Dann stiegen wir einen schmalen Fußweg hinauf, Einer immer hinter dem Andern. Wir mußten viel über große und kleine Steinblöcke hinwegklettern. Wir sahen oftmals nicht die geringste Spur, daß hier früher Jemand gegangen war; der Jäger machte uns aber darauf aufmerksam, daß manchmal einige Steine wie ein kleines Thürmchen aufeinander gelegt waren. Er sagte, das wären hier die Wegweiser, welche sich die Gemsjäger machten, um sich zurecht zu finden; er sähe daran, daß wir auf dem richtigen Wege wären. Er meinte: wenn es so helles Wetter sei, wie heute, so hätte es auch gar nichts zu sagen; bei Nebel könnte sich Einer aber hier sehr leicht verlaufen. An einer Stelle war auch ein Baumstamm schräg an den Felsen gelehnt und Treppenstufen hineingehauen. An den Felsen blühte Alles dicht voll Alpenrosen. Der Jäger meinte, dies sei ein ganz guter Weg. Er zeigte aber auf eine hohe Felswand weiterhin, die aussah, als sei sie ganz senkrecht. „Schaun's", sagte er, „dort geht ein Pfad an der Wand hin für die Treiber bei der Gamsjagd, der ist gefährlich. Dort sind an manchen Stellen Eisenbolzen in die Felsen eingeschlagen zum Drauftreten und Ringe darüber zum Festhalten. Dort steigen die Treiber hinauf, wenn die Gamsen nach dem Schießstand getrieben werden. Das Schlimmste dabei ist, daß die Gamsen, wenn sie fliehen, droben Steine lostreten. Die fallen herab und erschlagen leicht die Treiber, die unten sind."

Als wir etwa eine Stunde lang immer steil hinaufgeklettert waren, kamen wir auf einen schönen Weg, den der König von Bayern hat einrichten lassen, damit er auf die Gemsjagd reiten kann. Der Reitweg führte von der andern Seite herauf. Auf diesem gingen wir fort, bis er aufhörte, nämlich bis um Schießstand des Königs unter einer Fichte. Die Zweige der Fichte reichten bis fast auf die Erde. Davor war noch ein Wall aus Steinen und Rasen aufgebaut und ein paar Lücken zum Durchschießen darin. An dem Stamme der Fichte war eine Bank aus Baumzweigen. Auf diese setzt sich der König von Bayern — und ich habe mich auch darauf gesetzt.

Auf der andern Seite, vor dem Schießstand, war der Berg oben ganz schmal; es war eine lange, schmale Bergwand, ein Felsgrat. An beiden Seiten ging es tief, tief gerade hinunter. Weiterhin führt dieser Grat nach einem großen Bergstock, auf dem viele Gemsen sind. Das ganze Jahr hindurch kommt dort Niemand hin. Du mußt nämlich wissen, daß hier Niemand weiter Gemsen schießen darf als der König und wem es dieser besonders erlaubt. Es sind zwar noch manche solcher Gemsjäger da, wie der, welcher uns führte, allein diese dürfen kein Wild hier schießen, sondern müssen nur aufpassen, daß kein Wilddieb hierher kommt. Unser Jäger erzählte uns: gestern sei drüben an einem andern Berge ein Wilddieb von einem Jäger erschossen worden. Er erzählte uns mehrere Geschichten von den Kämpfen, welche hier in den einsamen Wäldern und Bergthälern zwischen den Jägern und Wilddieben vorkommen. Am schlimmsten ginge es, sagte er, dicht an der Grenze von Oesterreich und Bayern her. In Tyrol giebt es nur noch sehr wenig Gemsen, weil dort viele Leute auf die Gemsjagd gehen; hier in den bayerischen Alpen giebt es aber noch viele. Es schleichen sich nun nicht selten Tyroler heimlich über die Grenze und schießen den Bayern die Gemsen weg. Werden sie von einem königlichen Jäger ertappt, so nimmt er ihnen die Büchse und das Wild ab und sie bekommen Strafe noch obenein. Da trifft es nun, daß ein solcher Wilddieb lieber auf den Jäger schießt, als daß er sich fangen läßt. Die Jäger wissen das und machen ihrerseits auch Ernst. Begegnen sich ein Jäger und ein Wilddieb in der Einsamkeit, so kommt es nicht selten darauf an, wer am schnellsten die Büchse am Backen hat und am sichersten schießen kann.

Unser Jäger erzählte auch viel von den Kämpfen, die an der Grenze zwischen den Schmugglern und den Zollaufsehern vorkommen und bei denen es ebenfalls wild hergehen soll.

Die Wilddiebe in der Gegend, wo wir gingen, meinte er, wären aus den Orten in der Nachbarschaft und meistens nicht so schlimm.

Morgen, sagte er, solle hier große Jagd sein, der König werde dazu erwartet. Da müssen die Treiber von der andern Seite her rings an dem Gebirgsstock hinaufsteigen und die Gemsen allmälig nach dem Schießstande zu scheuchen. An manchen Stellen, an denen die Gemsen etwa seitab laufen könn-

ten, werden auch lange Faden aufgespannt, in denen weiße Federn oder Zeug=
läppchen eingeknüpft sind. Vor diesen scheuen die Gemsen zurück und laufen
nun dahin, wohin sie die Jäger haben wollen. Kommen die Gemsen zuletzt auf
dem Grat dahergetrabt, so schießt sie der König. Seine Büchsenspanner
stehen neben ihm und laden ihm die Büchse.

Die Jäger wissen genau, wie viel Stück Wild in ihrem Revier sind. Un=
ser Waidmann sagte: in den Leibrevieren des Königs von Bayern, in denen
Niemand weiter jagen darf, seien mehr als 7000 Gemsen, fast 6000 Hirsche,
1000 Dammhirsche, 7000 Rehe und 1200 Wildschweine. Ich habe mir die
Zahlen aufgeschrieben, sie sind richtig.

Von dem Schießstande des Königs gingen wir nach der andern Seite an
einem Bergabhang hin nach dem Hause, in dem wir zur Nacht bleiben wollten.
Ein eigentlicher Weg war hier nicht, der Jäger sagte aber: er wisse genau Be=
scheid, es wäre ganz gut zu gehen. Die Sonne wollte bald hinter die Berge
sinken. Wir stiegen an einem Felsrücken hinab. Der Jäger war ein Stück vor
uns. Da nahm er auf einmal seinen Hut ab und schaute über einige Knieholz=
gebüsche nach einem Thale hinunter, das gerade aussah wie ein ungeheuer gro=
ßen Trichter. Er winkte uns: wir sollten stille sein, und als wir herzukamen,
sagte er leise: dort unten wären zwei Gamsen, eine Gamsgais und ihr Jun=
ges. Ich sah hinunter, konnte aber erst nichts weiter erkennen als eine Menge
braungrauer Felsblöcke, die wild durcheinander lagen, und hie und da etwas
Grünes.

Jetzt klatschte der Jäger in die Hände, — da ward es drunten lebendig
und nun sah ich die beiden Gemsen galoppiren, daß die Steine umherflogen.
Sie liefen aber gerade an der Thalwand herauf, an der wir hinab mußten.
Als sie auf dem Grat des Bergrückens ankamen, blieb die alte Gemse stehen
und sah uns an. Die Kleine stand neben ihr, sie sah aber ganz dunkel aus. Sie
waren kaum etwa 150 Schritt von uns entfernt und sahen beinahe aus wie ein
Paar Ziegen. Ich legte mit meinem Alpstock auf die große an und zielte, der
Jäger sagte aber: „Schieß nicht!" Da liefen die beiden Gemsen davon und
ich bin deshalb kein Gemsjäger geworden. Unser Jäger sagte: es sei seit zwei
Jahren keine Jagd hier gewesen, deshalb wären die Thiere so wenig scheu.

Nun lies in Deinem Lesebuche die Geschichte von den beiden Gemsjägern
und denke Dir, der eine von den Beiden wärst Du und der andere wäre Dein

Bruder Hermann.

11.

Ein Fluß ohne Wasser.

(Gewitterwasser.)

———

Ein weißer Streifen zieht vom Berggehänge sich herab gleich einem hellen Bache. Er durchbricht den dunkeln Tannenwald und dehnt sich wie ein breites Flußbett zwischen grünen Wiesen aus, bis er weit thalwärts am Achen endigt.

Unser Pfad führt schnurgerade darauf zu. Werden wir durch Wasser wandern müssen? Brücke oder Steg sind nicht zu sehen, wol aber ein paar Häuser dicht daran oder gar wol drinnen. Jetzt nähern wir uns dem sonderbaren Strome, — kein Tropfen Wasser ist vorhanden, — nichts als Grus und Schutt und Steingerölle! Hier und da schaut halbverschüttet ein Baumstrunk aus dem Sande. Sieh da! die Häuser sind tief in Schutt vergraben, — die Wände sind zerbrochen, das Dach zerstört, die Zimmer fast bis zur Decke mit Gestein gefüllt.

Keine Menschenseele ist ringsum zu sehen. Wir stehen am Rinnsal eines Wetterbaches, einer Regenflut, wie sie nur das Hochgebirge kennt. Wir haben seine Arbeit hier vor Augen!

Die Alpen haben wol in hohem Grade ihre Herrlichkeiten, ihre Pracht und Schönheit, — allein ſie haben auch ihre Schrecken. Rieſige Gewalten waren ehemals thätig, die Felskoloſſe aufzubauen, — Rieſenkräfte arbeiten auch daran, ſie wieder zu zerſtören. Das ganze Jahr hindurch währt ihre Arbeit, im Sommer ſind es andre als im Winter — eine der zerſtörendſten iſt das Ungewitter.

Am vielgezackten Bergſtock hat die ſchwarze Wetternacht ſich feſtgehangen. Blitze zucken, krachend rollt der Donner, Regen ſtürzt in Strömen. An allen Seiten der kahlen Felſen rinnt's hinab; in allen Furchen des Gebirges ſammelt ſich's zu Bächen. Zu Hunderten rinnen ſie binnen wenig Viertelſtunden zuſammen und werden zum wilden Bergſtrom. In der Schlucht brauſt er hinab. Schutt und Gerölle werden losgeſpült. Steine poltern thalwärts, Felſenzacken untergräbt das wilde Waſſer; krachend ſtürzen ſie zum Thalgrund, zerſchmettern praſſelnd tieferſtehende Genoſſen. Hohe Fichten ſplittern vor ſolchen Wurfgeſchoſſen gleich ſchwachen Halmen. Bäume, Steine, Schlamm und Waſſer, — Alles donnert tobend in die Tiefe.

Die wilde Flut gräbt ſich ein tiefes Bett durch's Tannendickicht, jetzt kommt ſie auf der Wieſenmatte an und breitet ſich nach allen Seiten aus. Gras und Kraut wird hoch mit Schlamm und Schutt bedeckt. Schwere Steine wälzen die dunkeln Wellen polternd über Gartenland und Feld, Felſenquadern donnern an des Hauſes Wände. Glücklich müſſen ſich noch die Bewohner preiſen, wenn ſie rechtzeitig ihr Leben und ihre beſte Habe retten können. Haus und Hof, Feld und Wieſe ſind verloren. Binnen wenig Stunden iſt Alles in ein Schutt- und Trümmerfeld verwandelt. Das Haus iſt eingeſtürzt, die Matte iſt verwüſtet. Wehe dem Armen, den ſolche Wetterflut im Freien überraſcht! Wehe dem, den ſie zur Nacht in ſeiner Wohnung überfällt! Schon Mancher ward hinweggeſpült, hinab zum Achen, und Niemand hat die Stätte je erfahren, an welcher ſein zerſchmettertes Gebein zum langen Schlaf gebettet ward.

Verfolgen wir das trockne Bett der Runſe nach den Bergen, ſo finden wir es wilder und immer wilder, je höher wir in ihm ſteigen. Ein grauenvoll zerriſſener Schlund zeigt ſich, wo wir von fern nur einen hellen Streifen ſahen. Zu beiden Seiten ſtarren die Felſenzacken ſchroff gleich Sägezähnen empor; dort hängen ſie gar drohend über, als ſollten ſie im nächſten Augenblick zerſchmetternd niederſtürzen. Daneben liegen Schieferflötze mitten durchgebrochen. — Das iſt kein Weg für uns und nichts iſt dort zu holen als Gefahr. Selbſt der eingeborne Aelpler ſcheut die zerriſſenen Runſen und ihre wilden Tobel.

Wildwasser bei Hochgewitter.

Nach seiner Meinung hausen dort in grauenvoller Oede nur tückische Dämonen, die dem Menschen schaden. Die zerstörenden Naturgewalten, die aus jenen Schluchten urplötzlich hervorbrechen, dem Leben des Aelplers drohen und sein liebes angestammtes Besitzthum, den Fleiß so vieler Jahre, erbarmungslos vernichten, — sie wurden in der Phantasie der Leute zu leibhaftigen Personen, zu bösen Geistern und zu verbannten Seelen.

„Aber", wirst du fragen, „läßt sich denn nicht gegen derartig wildes Waffer Etwas thun? kein Graben anlegen, der es nach dem Fluffe leitet, oder sonst was?" — Allerdings hat man in neuern Zeiten angefangen, die berüchtigtsten Runsen zu bezähmen; besonders ward dies nöthig in solchen Thälern, durch welche eine Eisenbahn oder andere Kunststraße gelegt ward. Dort mauerte man für die Gewitterwasser gut eingedämmte, tiefe Betten, dort legte man im In= nern der Schluchten Dämme und Bauten an, um die Gewalt der Waffer etwas zu brechen und das Geröll zurückzuhalten. Etwas ist dadurch allerdings erreicht, aber längst nicht Alles. Das Entstehen neuer Runsen hängt von den Gewit= tern ab. Je nachdem diese sich einmal in diesem oder jenem Thale festsetzen und entladen, je nachdem bricht auch der Wafferschwall einmal aus dieser Kluft, ein andermal aus jener hervor und zeigt sich dann nicht selten höchst verderblich und vernichtend gerade an Stellen, die bis dahin für ganz ungefährdet galten. Am häufigsten sind jene Ströme ohne Waffer, jene langen und breiten Schutt= streifen in den Kalkgebirgen, und zwar hier wiederum am stärkften in denen, die am meisten von Waldungen entblößt wurden. Durch übereiltes Wegschlagen der Forsten ward der Boden bloßgelegt, das Regenwasser spülte an den steilen Gehängen die schwache Erdschicht ab und keine Grasmatte, kein Moosteppich milderte den Sturz der Gewitterfluten, kein zähes Wurzelflechtwerk hielt das lose Gestein jetzt mehr zurück wie ehedem. Durch sorgsame Ueberwachung der Waldung kann deshalb der Aelpler wenigstens in Etwas dem Entstehen der wilden Wetterwasser entgegenarbeiten.

Leider ist es durchaus nicht leicht, einen Bergabhang, der einmal vom Wald und seiner Schicht fruchtbarer Erde entblößt ist, von Neuem zu bepflan= zen. In vielen Fällen erscheint es geradezu unmöglich. Es bleibt dann dem Alpenbewohner nichts weiter übrig, als seine Wohnung und sein Geländ so viel wie möglich durch Dämme zu schützen und der Hülfe Dessen zu vertrauen, dessen Willen auch die Ungewitter gehorchen.

12.

Alpen-Leinkraut.

Siehe her! auf dem dürren Schutt, mitten in dem Greuel der Zerstörung, blüht ein allerliebstes Blümchen: das Alpen-Löwenmäulchen (Linaria alpina). Die wunderhübschen violetten Blumenkronen mit langem, dünnen Sporen und orangegelben Schlunde schauen uns an wie lustige Gesellen, die ihre gute Laune noch behalten und wenn die Berge wankten und Alles drunter und drüber ginge.

Hoch droben auf der Bergeshalde war das Heimatsland des Leinkrautpflänzchens; dort droben reiste das Samenkorn, aus welchem es erwachsen ist. Als das Ungewitter losbrach, ward es erfaßt, das alte Kraut wurde mit Stumpf und Stiel herausgespült und fortgerissen. Es ward hinabgestürzt im tollen Durcheinander von Felsen, Steinen, Schlamm und Wasser. Es war ein Stück vom Untergang der Welt. Die stärksten Fichten vermochten nicht zu widerstehen. Die Könige des Waldes sanken durch die Wuth des Wassers; sie fielen krachend, als sei ein wilder Feind, ein tolles Kriegsheer hereingebrochen. Ihre Mannen und ihr Hofstaat, der junge Nachwuchs, alle Büsche, Blumen, Gräser, die Moose und Flechten an den Steinen, ja die Steine selbst, — Alles, Alles wurde losgerissen und prasselte in toller Flucht den Bergschlund hinunter, von dunkeln Fluten schäumend überspritzt. Das kleine Samenkorn des Leinkrauts, das ausgefallen war aus reifer Kapsel, — es tanzte mit hinab vom Bergeskamme bis zum Thale, wol mehr als zwanzig Thurmestiefen. Es machte alle Sprünge mit, als sei's ein Hauptvergnügen; es durchschlüpfte alle Windungen der langen, langen Bergschlucht, als würd' ein Reigen aufgeführt bei Blitz und Sturmgeheul und Donnerkrachen. Es hüpft und schnellt von einer

Felsenzacke zu der andern. Das wilde Mißgeschick, das die Gewaltigen des
Berges fällte, die Riesenbäume und Felsen brach und jach zur Tiefe stürzte —
dem kleinen Samenkorne that es nichts.

Nicht immer ist's beneidenswerth, groß und vornehm zu sein; es kann
Zeiten geben, in denen dem Kleinen, Anspruchslosen das beste Theil beschieden.
Wer viel besitzt, der kann auch viel verlieren; wen nicht viel Reisegut beschwert.
der schlüpft behend und leicht hindurch beim Wirbelsturm des Lebens.

Das Samenkorn des Leinkrautes sprang zum Schluß, von einer Welle
hochgeschleudert, wohlbehalten an den Rand des wilden Bettes. Hier schlug
es Wurzeln ein, begann zu wachsen und breitete die zarten Stengel dicht am
Boden aus wie bläulichgraue Strahlen. Zarte schmale Blätter reihen sich dicht
aneinander, meist zu vier von einem Punkte entspringend, und am Ende der
fadendünnen Zweige wiegen sich die Blumen in dichtgedrängten kurzen Trauben. Sie sehen uns so schelmisch mit ihren wunderlichen Löwenmäulchen an,
als sagten sie: „Schaut dort die Splitter der gewaltigen Tanne, die halbver-
modert aus dem Schutte ragen. Der große Baum ging unter, das kleine
Blümchen blüht lustig weiter, als sei nichts vorgefallen. Es ist zwar im Ver-
gleich zum Baum nur winzig und unbedeutend, allein es ist darum nicht
schlechter und diesmal war's sogar viel besser dran als er.“

13.

Der Gaisbub'.

Hermann an seinen Bruder Karl.

Lieber Karl!

Heute hättest Du sollen dabei sein! Du würdest einen Hauptspaß gehabt haben! Du wünschtest Dir immer einen Ziegenbock oder eine Ziege, — hier war eine ganze Herde, ich weiß nicht wie viele, vielleicht an 100. Vier davon sind uns sogar eine Viertelstunde weit immer nachgelaufen und wollten gar nicht wieder fort. Ich hätte wol eine mögen für Dich mitnehmen. Ein Stückchen Brod, das sie von mir erhielten, schmeckte ihnen vortrefflich, dann konnten wir sie aber gar nicht wieder los werden. Zuletzt kam uns noch ein Mann auf dem schmalen Wege entgegen und jagte sie wieder zurück. Sie hatten Klingeln am Halse und gukten uns mit großen Augen an. Eine war auf einen hohen Felsblock geklettert und meckerte nach uns herunter.

Die große Ziegenherde war an einer hohen, hohen Bergwand. Manche waren so weit hinauf gestiegen, daß sie wie kleine Pünktchen aussahen.

Du haft manchmal gewünscht, daß Du ein Ziegenhirt wärst, so einer wie auf dem Bilde zu dem Liede: „Ich bin vom Berg der Hirtenknab'." Heute habe ich einen Gaisbub' lebendig gesehen, aber einen echten. Das Lied hat er zwar nicht gesungen, desto lauter aber gejauchzt und gejodelt, als wir vorbei gingen. Er saß hoch droben auf einer Felsklippe und hatte nichts weiter an als ein Paar graue Hosen und ein Hemd, das auch so grau aussah. Sein Filzhut war fast wie ein Kaffee-Trichter und hatte vielleicht eben so viele Löcher wie dieser.

Und weißt Du, was er machte, als wir ihm zuriefen?

Der Felsen, auf dem er thronte, war mindestens so hoch wie unser Kirch-thurm und ging an einer Seite senkrecht gerade herunter. An diesem Rande wuchs Knieholz und hing über den Abgrund hinaus. Klettert der Gaisbub' wahrhaftig auf einen solchen Stamm, setzt sich darauf und schaukelt sich wie be-sessen. Das hätte ihm selbst unser Vorturner nicht nachgemacht.

Unser Führer sagte aber, daß ein solcher Gaisbub' ein hartes Leben führe. Die Ziegen lassen sich schlecht zusammenhalten, da giebt er ihnen etwas Salz zu lecken, damit er sie wieder Abends nach der Sennhütte oder nach dem Dorfe treiben kann. Die Ziegen klettern wirklich nicht schlechter als die Gemsen. Der Gaisbub' muß aber noch viel besser klettern können als sie. Hat sich eine Ziege verstiegen, daß sie nicht weiter kann, nicht vor- und nicht rückwärts, nicht hin-auf und nicht hinunter — dann muß der Junge zu ihr hinklettern und sie her-unterholen. Schwindlich darf er gar nicht werden.

Die Alpenleute meinen: ein richtiger Ziegenjunge müsse als kleines Kind nichts weiter trinken als Ziegenmilch, dann werde er nicht schwindelig.

Braten bekommt ein Ziegenjunge im ganzen Jahre nicht, auch keinen Ku-chen und Kaffee. Gerstenbrod und Ziegenkäse sind seine Mahlzeit einen Tag wie den andern. Will er etwas Warmes haben, so legt er sich auf den Rücken und melkt sich eine Ziege gleich in den Mund. Dabei riskirt er freilich leicht garstige Nasenstüber. Am schlimmsten ist er daran, wenn's tagelang regnet und schneit und kalter Wind weht. Der arme Junge ist barfuß und hat höchstens eine alte Decke oder einen Sack, um sich hinein zu wickeln. Abends kriecht er ins feuchte Heu; Gaisbubenbetten giebt's keine andern. Du bist zwar nicht mit Ziegenmilch großgefüttert worden, hast Du aber noch Lust, Gaisbub' zu werden, so schreib mir's, vielleicht findet sich hier eine Stelle mit 20 Silbergroschen jährlichem Lohn, dann jodelst Du Etwas vor

Deinem
Bruder Hermann.

14.

Die Holzriefe am Fernpaß.

Nachdem wir von unsern Ausflügen nach den Bergen zu unserm alten Quartier in Walchensee zurückgekehrt sind, sagen wir den See'n Ade und wandern auf schöngebahnter Poststraße weiter nach Wallgau und nach dem reizenden Partenkirchen. Stundenlang führt der Weg durch dichten Fichtenwald, dann wieder über Wiesen. Die Umgebung Partenkirchens bietet wiederum vielfache Gelegenheit zu interessanten Fußwanderungen in die nahegelegenen Thäler und auf herrliche Berggipfel.

Wir folgen dann der Thalstraße südlich nach Lermoos. Das hohe Wettersteingebirge mit dem Zugspitz, dem Plattacher Ferner und dem Alpspitz behalten wir zur Linken. Die Loisach rauscht zu unsrer Seite.

Jetzt überschreiten wir die österreichische Grenze. Auf der Brücke über die Loisach stehen die Grenztafeln Bayerns und des Kaiserstaates. Wir begrüßen Tyrol. In Lermoos halten wir Rast und kosten zum ersten Male Thyroler Landwein, das riesige Wettersteingebirge mit seinen zahlreichen weißen Schutthalden und kahlen Gipfeln vor Augen.

Am nächsten Morgen setzen wir unsern Marsch auf der Poststraße weiter fort. Es interessiren uns die schönen Bruchstücke von weißem und schwarzem Marmor, mit denen hier die Straße gebessert ist. Der Weg hebt sich allmälig in zahlreichen Windungen bis zur Höhe des Fernpasses mehr als 3000 Fuß über Meer, führt zwischen dem Mitter-See, Weißen See und Blind-See hindurch und bringt uns zu den Häusern auf der Fern, in denen wir uns mit Speis' und Trank etwas erquicken.

Von hier geht's behaglich bergab. Die alte Straße führt rechts dicht an der Felsenwand entlang. Gedenktafeln mahmen daran, daß hier dem Wanderer nicht selten durch Steinfälle und Lawinen Gefahr drohen. Die neue Kunststraße folgt der gegenüberliegenden Thalseite, die weniger gefährdet ist.

Nicht weit unter den Fernhäusern treffen wir einen Teich. Er ist durch einen Schleußendamm (eine Klause) eingeschlossen und kann aufgestaut werden, sobald es nöthig ist. Die Bergrücken der Umgebung liefern Brennhölzer. Das Wasser soll sie ins Thal hinunterschaffen. Vom Schleußenthore an führt eine Holzriese ein paar Stunden weit bis nach Nassereit in den Gurgelbach. Die Holzriese ist eine Rinne aus behauenen Planken, die möglichst dicht an einan= der gefügt sind. Zwei Planken bilden den Boden, dann folgen an jeder Seite zwei oder drei andere Planken aufeinander gefügt und etwas mehr auseinander tretend. Lücken, die etwa noch zwischen ihnen vorhanden sind, hat man mit Moos und Gras ausgestopft, so daß sie dicht schließen. Soll die Riese benutzt werden, so wird sie sorgfältig ausgebessert und möglichst wasserdicht gemacht. Sie windet sich im Thale hinab in gleichmäßiger Neigung und ruht oft weite Strecken hin auf untergestellten Holzblöcken. Dabei vermeidet sie scharfe Bie= gungen, damit die hinabgleitenden Scheite nicht ausspringen.

Die geschlagenen Scheite, die von vorstehenden Aststücken befreit und mög= lichst glatt und gerade sein müssen, schafft man in die Umgebung des Teiches auf der Fern. Aus knorrigen Stücken und krummen Scheiten brennt man die Kohlen. Die Schleußenthore der Klause werden geschlossen und der Teich auf= gestaut. Wo unterweges neben der Riese andere Wasserläufe vorhanden sind, werden diese durch Rinnen auch mit in die Riese geleitet. Ist Alles vorbereitet, so wird das Schleußenthor ein wenig geöffnet und die lange Holzbahn bewässert, glatt und schlüpfrig gemacht. Dann werfen die Holzknechte droben die Scheite ein. Diese schießen rasch in der Rinne entlang, eins folgt dem andern, sie jagen thalwärts und legen die stundenlange Strecke in kurzer Zeit zurück. Unten bei Nassereit gelangen sie in den Bach und in diesem schwimmen sie nach dem Inn. In Innsbruck, Hall und in andern Orten der holzärmeren Thäler fängt man die Scheite wieder auf und benutzt sie als Brennholz. Während das Holz ab= schießt, sind Aufseher in verschiedenen Entfernungen an der Riese aufgestellt und achten darauf, daß die Leitungsrinne in gutem Stande bleibt. Sie bessern die= selbe sofort aus, wenn sie schadhaft wird, und helfen nach, wenn sich ja etwa die Scheite aufstauen und die Riese verstopfen.

Im Bächlein selbst kann man hier das Scheitholz nicht gut thalabwärts flößen. Sein Bett liegt voller Felsblöcke und Gesteine und hat zu wenig Was= ser, so daß das Holz sich festsetzen würde. Dazu ist stellenweise das Bachbett flach und hat wenig Gefälle. In manchen andern Thälern der Alpen benutzt man aber die Bäche und Flüsse selbst zum Flößen der Scheithölzer, wenn sich ihr Rinnsal dazu eignet. Sind dieselben nicht wasserreich genug, so bringt man an ihnen auch Teiche und Schleußen an, setzt sie auch wol mit Seen in Verbindung, wenn dergleichen in der Nähe sind. Um hinreichende Mengen Wasser zu erhalten, leiten die Holzflößer mitunter sogar kleine Wasseradern von allen Seiten in Holzrinnen und Röhren herbei und sammeln das Wasser lange Zeit hindurch an. Sie werfen dann die Scheite größtentheils in das Bett des Baches, andere stellen sie dicht am Rande desselben auf. Anfänglich lassen sie erst ein wenig Wasser aus der Schleuße fließen, damit das Holz anfängt sich zu bewegen. Dann wird die Schleuße mehr geöffnet und Wasser und Scheite toben und poltern mit betäubendem Lärmen thalab.

Viel mehr Mühe macht das Fortschaffen der größern Stämme und schwe= ren Blöcke, welche zu Bau= und Nutzholz dienen sollen. Mitunter läßt man dieselben auch auf Holzbahnen und Wasserriesen von der Bergseite herab zu Thale gleiten. Manchmal wartet man erst den Frost ab, läßt etwas Wasser in der Holzrinne entlang fließen und gefrieren und erhält so eine Eisriese. Der= gleichen Eisriesen, in denen große Stämme entlang gleiten, führen dann noch stundenweit an den steilsten Thalgehängen hin und ihr Bau erfordert ebenso viele Mühe, wie Geschicklichkeit und Umsicht. Die Erbauer derselben wissen jeden Vortheil zu benutzen, um der schweren Rinne Unterlage und Halt zu verschaffen. Hier stützen sie dieselbe auf vorspringende Felszacken, dort auf freiliegende Blöcke, dann auf einen Baum an der Felswand, ein andermal so= gar auf das Dach eines Heustadels oder einer Sennhütte. Die Riesen für Stämme müssen noch viel sorgfältiger alle stärkern Biegungen vermeiden, da sonst die langen Hölzer stecken bleiben oder herausspringen. Wird das Gefälle zu stark, so bringt man einen sogenannten Wolf über der Riese an, d. h. man befestigt ein paar Stämme in der Weise über derselben, daß sie auf den darunter wegschießenden Stämmen schleifen und sie hemmen.

Das Abschießen der Stämme geschieht gewöhnlich bei Frost. Durch eingeleitetes Wasser wird eine Eisriese hergestellt. Nicht selten verunglücken durch die Gewalt der Stämme Menschen dabei oder erfrieren bei starker Kälte die Glieder.

In den Alpen giebt es schroffe Bergstöcke, mit Wald bestanden, in denen die Holzfäller fast eben solche Kletterkünste entwickeln müssen wie die Gemsjäger und Wurzelgräber. Die tosenden größern Bergbäche transportiren dann die Stämme weiter. Wo sich letztere zwischen den Felsblöcken des Grundes aufstauen, müssen die Holzflößer nachhelfen. Können sie nicht vom Ufer aus mit langen Haken die Stämme in Bewegung bringen, so bleibt ihnen manchmal nichts weiter übrig, als auf dieselben hinüber zu springen und hier mit Beil und Haken nachzuhelfen. Kaum haben sie aber den widerspenstigen Block gelüftet, so kracht und schwankt der ganze Haufen, der sich aufgebaut hat. Jetzt gilt es, mit der Gewandtheit einer Katze von einem schwankenden Stamm zum andern und zum Ufer zu springen, denn im nächsten Augenblick hebt die Flut schäumend den ganzen Verhau und er stürzt donnernd durch die Felskluft weiter. Mancher Flößer ward dabei schon von den Wellen verschlungen und an den Klippen zerschmettert.

Bilden sich solche Stauungen der Flößstämme in engen Klüften, so bleibt den Floßknechten nichts Anderes übrig, als sich an einem Seile, gleich einer Spinne am Faden, von oben hinabzulassen und den Hölzern Luft zu verschaffen. Herabstürzende Steine haben bei solchen Gelegenheiten schon mehr als einen der Leute erschlagen.

Der Holzhauer und Holzflößer der Alpen führt ein mühseliges Leben — er kämpft einen gefährlichen Kampf mit den Wassern, Felsen und Hölzern und selten erreicht einer von ihnen ein hohes Alter mit unverletzten Gliedmaßen.

Andreas Hofer und die Tyroler.

15.

Der Fernstein.

Hermann an seinen Bruder Karl.

Lieber Karl!

Wir sind heute über den Fernpaß gegangen, von Lermoos nach Nassereit
und Imst. Der Fernpaß ist eine schöne Poststraße. Von der Höhe des Passes
nach Nassereit führen zwei Wege: ein alter und ein neuer. Der alte ist an
vielen Stellen so schmal, daß eben nur ein Wagen fahren kann. An einer Seite
des Weges steigt der Felsen ganz steil hoch hinauf, an der andern geht es tief
hinab. An der schmalsten und engsten Stelle ist ein festes Gebäude: der Fern=
stein, und neben demselben am Berge hinauf sind Schanzenmauern. Dies war
früher eine kleine Festung. Hier mußten auch die Fuhrleute Zoll bezahlen, da=
mit die Straße in Stand gehalten werden konnte. Hier stellten sich die Sol=
daten auf, wenn der Feind ins Land kommen wollte.

Der Vater erzählte mir, daß vor langen Jahren hier die Truppen des
Schmalkaldischen Bundes unter Herzog Moritz von Sachsen anmarschirt ge=
kommen seien, um in Thyrol einzudringen. Die Thyroler hatten aber in dem
Schanzwerk am Fernstein ihre Schützen aufgestellt. Die schmale Straße geht
durch das Haus hindurch. Die Schützen standen an den Schießlöchern des Hau=
ses und auf der Schanzenmauer. Es waren ihrer nur Wenige. Dem Feinde
halfen aber seine vielen Soldaten nichts. Sowie sie sich sehen ließen, wurden
sie von den Thyrolern weggeschossen. Die kleine Anzahl Schützen in Fernstein
hielt das ganze feindliche Heer 36 Stunden lang auf und tödtete viele Leute.

Im Thale unter dem Fernstein fließt der Klausenbach herab, daneben
sind zwei allerliebste Seen, ein kleinerer und ein größerer. Zwischen beiden
befindet sich nur ein schmaler Streifen Land. In dem größern See ist ein
Hügel und auf demselben eine Burgruine, die Sigmundsburg. Vor alten Zei=
ten, etwa vor 400 Jahren, hatte sich hier Erzherzog Sigmund ein schönes Lust=
schloß gebaut mit niedlichen Thürmen an den Ecken. Später ist es aber lange
nicht bewohnt und nicht ausgebessert worden und deshalb völlig zerfallen. An=
fänglich soll jene Burg auch zur Vertheidigung des Fernpasses gedient haben.

Ich habe heute immer gewünscht, daß Du bei uns sein möchtest, damit Du einen solchen Engpaß mit ansehen könntest. Das muß für die Ritter und Soldaten gar zu schön hier gewesen sein. Beinahe jeder Berg ist wie eine Festung. Auf manchen sind auch jetzt noch Ruinen von Burgen zu finden. Es sollen früher Raubritter auf ihnen gewohnt haben. Von dort sind sie dann herunter gekommen und haben die vorbeiziehenden Kaufleute ausgeplündert.

Von Andreas Hofer und Speckbacher und den andern Tyrolern hast Du ja auch schon gelesen, wie diese im Kriege den Franzosen und Bayern in den engen Thälern auflauerten. Die Tyroler hatten sich hinter den Felsen oben versteckt. Kam nun in der engen Schlucht der Feind herangezogen, so knallten mit einem Male aus allen Winkeln Büchsenschüsse hervor. Die feindlichen Offiziere stürzten gewöhnlich zuerst und die gemeinen Soldaten wußten dann nicht, was sie thun sollten. Dann polterten von oben Steine und Baumstämme herab und die Soldaten der Feinde wurden zerschmettert oder mußten fliehen. Vertheidigen konnten sie sich manchmal gar nicht, sie sahen oft ihre Angreifer nicht einmal. Die Kanonen konnten sie hier nicht gut gebrauchen und die Reiterei vollends gar nicht.

Es sind in den Alpen mehrere solcher Engpässe und fast alle sind durch Gefechte berühmt geworden, die daselbst gekämpft worden sind. Manche sind auch noch jetzt durch tüchtige Festungswerke vertheidigt.

Bei Nassereit ist auch ein Bleibergwerk, wir haben es aber nicht besucht, sondern sind bis Imst gegangen. Hier ist das Thal des Inn hübsch breit und freundlich. Morgen wollen wir weiter nach dem Oetzthale gehen und in diesem hinauf bis zum Hochjoch und dann nach Meran. Du wirst in den nächsten Tagen wahrscheinlich keinen Brief von mir erhalten, da unterweges im obern Oetzthale keine Postämter sind, sondern nur Weiler, die aus einigen wenigen Häusern bestehen. Von Meran aus wirst Du aber dann eine ganze Anzahl Briefe mit einem Male bekommen.

Wir sehen von hier aus auf der rechten Seite des Inn schon die ersten Berge, die zu der großen Oetzthaler Gebirgsgruppe gehören. Es führen mehrere Thäler in dieses Gebirge hinein: das Kauner Thal, das Piz-Thal und das Oetzthal; das letztere ist das größte. Es ist 14 Stunden lang.

Nach vier oder fünf Tagen wirst Du wieder Briefe erhalten von
Deinem
Bruder Hermann.

gleich einem Häufchen aufgesprungener Zwiebeln oder fast wie eine Kaktusfami=
lie. Ihre Stämmchen sind kaum ein halbes Fingerglied lang, dicht mit dicken,
fleischigen Blättchen besetzt, die wie Schuppen aussehen. Von der Spitze der
Blätter ziehen sich feine weiße Fäden nach allen benachbarten Blättern hin und
es sieht täuschend aus, als wäre das Gewächs von dichtem Spinngewebe über=
zogen. Besonders erscheinen die jungen Pflanzen ganz weißgrau.

Jedes Blatt der Hauswurz ist ein Vorrathsmagazin für die Pflanze. Es
ist dick und von Saft erfüllt. Ringsum schützt es eine zähe, feste Haut vor dem
Verdunsten. Sobald der thauende Schnee oder Regen den Felsen benetzen,
saugen die Wurzeln rasch Vorrath ein und führen sie den Blättern zu. Die
jungen Blätter dehnen sich aus, werden groß und dick. Aus den Winkeln der
untern Blätter sprossen auch neue Zweiglein hervor und umgeben sich sofort

mit Blattrosetten, die wie kleine Kügelchen die alte Pflanze umlagern. Nach ein paar Jahren sterben auch gelegentlich die verbindenden Zweige ab, die Kugelknospen rollen vom Felsen hinab auf tieferliegendes Gestein oder sie werden vom Sturm dorthin geführt. Dort schlagen sie Wurzeln und siedeln eine neue Kolonie Hauslaub an.

Hat die Hauswurz einige Jahre lang ihre Blattsparkästchen gehörig gefüllt, „viel eingelegt, wenig ausgegeben", wie's auf den blechernen Sparbüchsen der Kinder geschrieben steht, — so macht sie zuletzt einmal großes Fest und Hochzeit. Im Schutz der Blätter legt sie die Knospe zum Blütenstengel an. Kommt nun die warme Sommersonne, so treibt der Blumenschaft rasch empor, einen Finger lang bis eine Spanne lang. Der Blütenstengel ist mit kleinen zarten Blattschuppen besetzt. Mitunter theilt er sich oben in einige Zweige. Er trägt Blumen so groß wie ein Zweigroschenstück. Diese sehen manchmal nur grüngelblich aus, häufig aber auch schön roth, und strahlen mit ihren zahlreichen Blumenblättern wie kleine rothe Sonnen von den dürren Felsgesimsen herab. Der

Spinngeweb-Hauswurz. (Natürliche Gr.)

Wanderer wundert sich, wie auf dem nackten Gestein so schöne Blumen gedeihen können, — sie haben gespart in der Zeit, nun kommt es ihnen zu Statten.

Die Hauswurz mit ihren verschiedenen Arten ist nicht die einzige Blume, welche es versteht, auf den unfruchtbaren Felsen fast von der Luft zu leben. Es gesellen sich noch eine ganze Anzahl anderer zu ihr, von denen mehrere einen ganz verwandten Bau und ähnliche Lebensweise haben, obschon die Pflanzenkundigen sie zu andern Geschlechtern der Gewächse rechnen. Zahlreiche Arten der Gattung Steinbrech gehören hierher. Man gab diesen Blumen ehedem den Namen Steinbrech, weil man sah, daß ihre Wurzeln in die Spalten des festen Gesteins eindrangen. Sie schienen den Stein zu zerbrechen. Man glaubte deshalb, sie müßten Säfte besitzen, die auch gegen die Steinkrankheit des Menschen gute Dienste leisten würden. Deshalb verordnete sie der Arzt damals den Kranken und der Kräutermann sammelte sie auf den Alpen.

In ähnlicher Weise meinte man auch, die Hauswurz müsse ein gutes Mittel gegen den Blitz sein, da sie so reich an Saft ist und deshalb nicht brennt. Ebenso scheut sie sich nicht, auf Felsenspitzen zu wachsen, in welche doch sonst der Blitz gern einschlägt. Man pflanzte sie deshalb gern auf die Dachfirsten, um den Blitz abzuwehren, und nannte sie wegen ihrer Fasernhaare auch Donnerbart.

1. Mannsschildähnlicher; 2. gegenblättriger; 3. hechtgrauer; 4. traubiger; 5. moosartiger. (Natürl. Gr.)

Von den Steinbrecharten hat der traubige Steinbrech mit seinen Rosetten aus dicken fleischigen Blättern sehr viel Aehnlichkeit mit der Hauswurz, nur sind seine Blütenschäfte dünner und schlanker, die Blüten sind zahlreicher, viel kleiner, von gelblich-grüner Farbe und haben nur fünf Blumenblättchen. Sehr interessant sehen die Blätter aus, wenn man sie durch ein Vergrößerungsglas besieht. An ihrem ganzen Rande herum befinden sich Drüsengrübchen und in jeder ist ein schneeweißes Kalksplitterchen ausgeschieden, fast wie ein Zähnchen. So hat das Pflänzchen sich einen Schmuck aus Stein zugelegt, eine Art und Weise, die sonst bei den Gewächsen nicht vorkommt. Dieser Steinbrech liebt vorzugsweise Kalkfelsen und saugt Kalktheilchen, die im Wasser aufgelöst sind, durch die Wurzeln mit auf. Sobald der kalkhaltige Saft dann durch die Drüsen langsam wieder verdunstet, bleiben die Kalktheilchen als weiße Einfaß= verzierung zurück. Der graugrüne Steinbrech, der rauhe, der moosartige, der gegenblättrige, der Schnee=Steinbrech und noch mehrere andere Arten siedeln sich an ähnlichen Stellen an. Die meisten blühen weiß, der gegenblättrige pur= purroth. Alle haben dickfleischige Blätter und bilden festgeschlossene Polster, treiben ringsum jährlich neue Sprossen und vermögen sich durch diese zu erhal= ten, selbst wenn mehrere Jahre hindurch ihre Blüten es nicht bis zur Samen= reife bringen können, weil sie vielleicht von frühzeitigem Frost getödtet werden. Bei allen sind die Blätter saftig und dickfleischig. Ihnen ganz ähnlich sind auch mehrere Mauerpfeffer=Arten, nahe Verwandte der Hauswurz. So wächst an den Klippen der Alpen häufig der weißblühende Mauerpfeffer, dann der kriechende mit gelben Blumen und eine Art mit düsterröthlichen Blüten und dicken, grauweißlichen Blättchen, die aussehen, als seien sie mit Reif überzogen.

Auf gleichen Felskanten sproßt auch das berühmte Edelweiß (S. 60), eine nahe Verwandte unsers zierlichen Katzenpfötchens und der Immortellen. Bei ihm sind die Blätter nicht fleischig, sondern in einen weichen Pelz aus dichten wei= ßen Haaren eingehüllt, und die Hüllblätter des Blütenkopfes sehen so wunderbar weich und zart aus, als seien sie kunstreich etwa aus Hollundermark oder wei= ßer Chenille gearbeitet. Das ganze Blümchen erhält durch dieses Haarkleid ein ganz fremdartiges und zartes Ansehen, wie eine Märchenfee in ein Hermelin= pelzchen gewickelt. Dazu kommt, daß es, wie alle Immortellen, sein hübsches Ansehen Jahre lang unverändert behält, auch wenn es gepflückt ist. Der Al= penbewohner liebt deshalb sein Edelweiß so, wie wir unser Vergißmeinnicht, und es ist ihm ein Sinnbild unvergänglicher Treue.

In seiner Gesellschaft kommen auch mehrere verwandte Wehrmuth= und Beifußarten, der Almenrausch, die Edelraute und zierliche Schafgarben vor, die auch über und über mit einem filzigen Haarkleide bedeckt sind, das Blättern und Stengeln ein silberweißes Ansehen verleiht. Sie schützen sich durch ihre Filzdecken und Pelzröckchen, wie sich die dickblättrigen Felsenpflanzen durch ihre Saftvorräthe gegen die Uebelstände verwahren, welche ihr Standort und die Witterung der Alpen mit sich bringen.

17.

Alpen-Schmetterlinge.

Hermann an seinen Bruder Albert.

Lieber Albert!

In dem Packete, welches wir Euch anbei einsenden, liegen auch einige zusam=
mengefaltete Seidenpapierchen, die in ein stärkeres Papier eingeschlagen sind.
Du kannst sie herausnehmen und vorsichtig aufmachen. Siehe zu, was darin
ist. Du wirst mehrere Schmetterlinge dabei finden, die ich auf den Alpen ge=
fangen habe.

Du siehst daraus, daß es auf den Hochgebirgen auch Schmetterlinge giebt
und zwar manche ganz andere Arten als zu Hause. Ein Mars, ein Schwalben=
schwanz und ein gemeiner Perlmutterfalter sind zwar auch dabei, außerdem
aber noch mehrere blaue und grüne Täubchen und Perlmutterfalter, die nur in
den Alpen vorkommen, weil die Pflanzen, von denen ihre Raupen leben, nur
hier wachsen. So habe ich auch einige Arten Grasfalter (Hipparchien) mit
gefangen und beigelegt, die echte Alpenschmetterlinge sind. Ein Tauben=
schwänzchen hätte ich beinahe gefangen. Es schwirrte über Blumen an einem
steilen Bergabhange, allein die Steine glitten mir unter den Füßen weg und es
flog davon.

Ueberhaupt fängt es sich hier nicht so leicht Schmetterlinge wie daheim,
besonders wenn man kein Netz mit hat und nur die Hand oder den Hut benutzen
kann. Das Schlimmste dabei ist der Weg. Man geht oft auf einem ganz
schmalen Fußpfad. An der einen Seite ist ein Abgrund, tief unten braust ein
wilder Bergbach. Wer da hinunter fällt, ist verloren! An der andern Seite
ist zwar eine Alpenmatte voll der schönsten Blumen: prächtige Bergastern,

Silberwurz, Enzian, Nigritellen u. a., auf denen Schmetterlinge hin und her flattern, Dukaten-Vögelchen, Ochsenaugen, Berghasen u. s. w. Aber es ist mitunter lebensgefährlich, auch nur einen Schritt aus dem Wege zu gehen. Stolpern und Fallen darf vollends gar nicht vorkommen. Den Schmetterlingen nachzulaufen, wenn sie nicht stillhalten wollen, ist unmöglich. Die Berg= abhänge sind oft so steil und mit kleinem Steingeröll bedeckt, daß ohne Steig= eisen Keiner hinaufkommen kann, und auch dann nur sehr langsam. Ein ander= mal sind sie mit so glattem Rasen überzogen, daß man darauf ebenso hinab= rutscht, wie auf einer Schlittenbahn. Die Alpenbewohner grüßen sich in man= chen Alpenthälern beim Begegnen deshalb auch mit „Geh langsam!“ statt daß wir „Guten Tag!“ sagen.

Ich habe deshalb verhältnißmäßig auch nur wenige Schmetterlinge ge= fangen, trotzdem daß manchmal viele dicht bei mir waren.

Am meisten habe ich mich aber über den Apollo gefreut, von dem ich frü= her schon erzählen gehört hatte. Du wirst ihn leicht erkennen; es ist der große, weiße Schmetterling mit den hübschen, rothen Au= genpunkten auf den Flü= geln. Er fängt sich präch= tig. Ich habe mehrere nur zum Vergnügen gefangen und sie wieder fliegen las= sen. Er flattert langsam

Der Apollo. (Natürliche Größe.)

hin und her und sitzt zuletzt träge auf den Blumen still, so daß man ihn leicht mit der Hand fassen kann.

Seine Raupe soll sammtschwarz aussehen, dabei orangegelb und bläulich getüpfelt. Sie frißt Hauswurz und dickblättrigen Steinbrech und Mauerpfeffer= Arten, wie sie hier an den Felsen öfter stehen. Ich habe zwar mehrere Sorten Schmetterlingsraupen hier sitzen sehen, aber keine davon mitgenommen, da wir zu Hause ja doch kein Futter für sie finden.

Käfer liegen nur einige in Papierchen bei. Ich hörte mit Sammeln auf, da das Spiritusglas durch Unvorsichtigkeit des Trägers zerbrochen worden war.

Es giebt hier einige Raubkäfer, besonders Laufkäfer, die neben den Gletscher=
bächen sich aufhalten und bis dicht an den ewigen Schnee hinauf ihr Wesen
treiben. Blattkäfer, Knospenkäfer und Rüsselkäfer habe ich eine ganze Anzahl
hübscher Arten von Lärchen, Arven und Weiden abgeklopft, mancherlei andere
auch von den blühenden Blumen. Den Raubkäfer fand ich unter einem Stein
versteckt. Spinnen liefen auch oft am Wege herum, allein Du weißt, daß ich
sie nicht leiden mag, deshalb habe ich keine gefangen. Von Schnecken habe
ich dagegen einige Schließmundschnecken mit beigelegt, die wir an einem Kalk=
berge unter einem Flechtenlager fanden. Auf den Alpenzügen, in denen kein
Kalkstein ist, fehlen auch die Schnecken fast gänzlich. Es sollen zwar dort auch
ein paar seltene Arten vorkommen, und zwei davon bis nahe an die Gletscher
hinaufgehen, aber ihr Gehäuse enthält keinen Kalk und soll so weich sein, daß
man mit dem Fingernagel hineindrücken kann.

Lege die Käfer und Schmetterlinge sorgsam in meinen Kasten, damit sie
unverletzt bleiben. Wenn ich nach Hause komme, stecke ich sie auf Nadeln und
stelle sie dann auf einem Teller mit nassem Sand unter eine Glasglocke. Sie
werden dann über Nacht so weich, daß man sie gut aufspannen kann. Ver=
wahre sie also bis dahin gut für Dich und für

Deinen
Hermann.

Edelweiss. (Halbe Größe; s. S. 57.)

18.

Der Schnee im Hochgebirg.

(Lawinen.)

Der Schnee ist ein herrliches Ding für die Kinder! Wie lustig tanzen die Flöckchen, wenn's schneit; wie zieh'n sie hinab und wieder ein Stückchen hinauf, drehen sich ringsum und machen allerlei drollige Manöver, ehe sie zu Boden sinken! Welche wunderhübsche Sternchen zeigen sie; schöner und zierlicher, als man sie zeichnen kann. Und dann, wenn es geschneit hat, wenn alle Getreidepflänzchen auf dem Felde mit der warmen Winterdecke eingehüllt sind und auf der zerfahrenen, gefrorenen Straße alle Holpern und Gleise geebnet, — wie prächtig gleitet dann der Schlitten darüber hin, daß es eine Lust ist. Was geht ferner über ein tüchtiges Schneeballwerfen mit hohen Schneeschanzen und mit Schneemännern, die mit dem Besenstiel im Arm Schildwach' stehen!

Aber es darf des Guten nimmer zu viel sein, auch nicht vom Schnee, und dies ist im Gebirge leider jeden Winter der Fall. Wenn bei uns im Tieflande der Winter den Schnee händevoll wirft, schüttet er ihn im Hochgebirg wagenweise aus. Er fällt dort 10 Fuß, 20 Fuß, 30 Fuß hoch. Die leere Sennhütte auf der Alm wird gänzlich überschneit. Wer sie aufsuchen wollte, müßte durch den Schnee ein Loch hinunter graben, dann käme er allmälig auf's Dach. An den Wohnhäusern liegt der Schnee nicht selten bis zum Dache hinauf. Man muß durch die Bodenthür heraussteigen, die für solche Fälle auch eine besondere Treppe nach außen hat.

An der steilen Berglehne baut sich der Schnee als eine neue Gebirgslage auf, die Stunden lang und Meilen breit ist. Selbst an den senkrechten und überhängenden Felsen heftet sich feuchter Schnee an, friert fest und bildet Schneeschirme hundert Fuß hoch, mehrere Ellen breit und dick. Wege und

Stege verschneien. Tagelang kann Niemand zum Nachbar gelangen. An den Hauptstraßen sind Schneestangen von 20 bis 30 Fuß Höhe errichtet, um den Pfad darnach zu finden. Mitunter verschneien auch diese. Schaaren von Menschen werden aufgeboten, um mit Ochsengespannen und Schlitten, Schneeschaufeln und Hacken Bahn für die Postwagen zu brechen. Und doch bleiben die Posten mitunter tagelang liegen. Einzelnen Wanderern droht sicherer Tod. Wer hat Kraft genug, stundenlang durch haushohen, lockern Schnee zu waten, vollends wenn bitterkalter Sturm dazu heult!

Im Frühjahr, mitunter auch mitten im Winter, weht von Italien und Afrika herüber der warme Föhnwind, derselbe, den wir im Tiefland als Thauwind begrüßen. Dann überfällt bange Furcht die Bewohner der Alpenthäler.

Die Schneeschirme lösen sich von den Felsen und donnern zu Thale. Was sie drunten treffen, wird verschüttet. Roß und Reiter, Schlitten und Leute reißen sie mit in die Tiefe oder begraben sie.

Die weiten dicken Schneelagen steiler Gehänge kommen ins Gleiten. Sie rutschen erst langsam, dann immer schneller an den Bergseiten hinab, stauen sich in den kleinen Thalmulden, welche die Bergseiten querüber durchfurchen, übersteigen sie und bäumen sich als riesiger Schneefall empor, um den rasenden Lauf jenseits weiter fortzusetzen. Es sind die furchtbaren Grundlawinen, deren Macht nichts widersteht. Glücklicherweise nehmen sie ziemlich jedes Jahr denselben Verlauf. Der Alpenbewohner meidet zu jener Zeit die Stellen, an denen sie zu stürzen pflegen. Mitunter sucht der Aelpler sein Häuschen auch wol durch einen hohen Steinwall gegen unvermuthete kleinere Lawinen etwas zu schirmen und die Hauptstraße schützt man stellenweise durch übergebaute bedeckte Gänge (Gallerien).

Steht der Wanderer weit entfernt von der stürzenden Lawine, so sieht er den Schneestreifen an der Bergwand scheinbar allmälig herabgleiten, hie und da aufsprühen und sich zum Thale hinabschieben, ähnlich wie beim Thauwetter am steilen Schieferdach eine Schneeschicht hinabrutscht. Er hört einen dumpfen Donner, wie von einem fernen, starken Gewitter. Aber in der Nähe zeigt sich die Lawine viel furchtbarer. Was von Ferne allmäliges Gleiten schien, ist in der Nähe rasende Schnelligkeit. Der Weg an der Bergwand, der von Weitem nur spannenlang aussah, mißt in der Nähe nach Stunden. Manches Haus ist schon sammt seinen Bewohnern durch die Lawine begraben worden. Mitunter hat man erst nach Wochen die Gebeine der Unglücklichen zu Tage gefördert, die dort ihren Tod fanden.

Lawinensturz.

Oft triffst Du Gedenktafeln am Wege, welche von Unglücksfällen, mitunter auch von wunderbaren Rettungen erzählen, die bei Lawinen vorkamen.

Selbst der Luftdruck, den die stürzende Schneemasse veranlaßt, wird zum Sturmwind, der Hütten hinwegbläst und alte Bäume entwurzelt durch die Luft schleudert, als seien es Wollenflöckchen.

Mitten im Sommer trifft der Wanderer nicht selten in den Thalengen noch mächtige Schneelager als Reste gefallener Lawinen. Die Gießbäche haben sich ihr Bett unten hindurch gefressen. Der Schnee ist eisig hart geworden und kann als Brücke dienen. Man könnte mit einem Wagen darüber fahren.

Mit Schneeschirmfällen und Grundlawinen ist es leider noch nicht genug, die Alpen haben auch Staublawinen. Weiß der Alpenbewohner bei jenen erstern wenigstens ungefähr die Stellen, an denen sie zu stürzen pflegen, so regieren die Staublawinen ganz willkürlich.

Der Sturm rast auf den meilenlangen Firnfeldern der Hochalpen mit fürchterlicher Gewalt, heult wie ein Heer wilder Thiere zwischen Felsen und Geklüft, brüllt wie eine Schaar böser Geister in den Schluchten und rafft in schrankenloser Wuth Tausende von Kubikklaftern losen Schnee auf: feine, staubähnliche Eiskrystalle. Er wirbelt den Staubschnee zu riesigen Wolken zu= sammen und schleudert ihn regellos in die Thäler, je nachdem einmal hier, ein andermal dort die Gewalt seines Wirbels etwas nachläßt.

Andererseits können Verschüttete aus der Staublawine verhältnißmäßig leichter ausgegraben und gerettet werden. Der nasse Schnee der Grundlawinen dagegen erdrückt und erstickt sie.

Kommst Du bei Deiner Alpenwanderung in Thäler, die von Lawinen heimgesucht sind, so merkst Du, warum die Aelpler grüßen: „Behüt' Dich Gott!" — Dort kann nur Der behüten und schirmen, nach dessen Willen die Sturmwinde wehen und die Lawinen ihre Wege einschlagen!

Murmelthier.

19.

Vom Murmelthier.

Hermann an seinen Bruder Karl.

Lieber Karl!

Einen Hauptspaß haben wir gehabt mit einem Murmelthier, das hättest Du sehen sollen. Ein solches Murmelthier ist noch vielmal hübscher als Deine Meerschweinchen und Kaninchen, selbst netter als das silbergraue mit dem weißen Bleßchen, das sich immer putzt.

Wir wollten Edelweiß holen, nämlich ich, der Vater und unser Führer, der Joseph hieß; hier heißen alle Männer entweder Sepp oder Hans, d. i. Joseph oder Johannes. Den ganzen Tag waren wir schon bergauf gestiegen und es war schon Mittag vorüber, da kletterten wir in einem schmalen Thale hinauf. Ringsum waren hohe Felsen; unten standen Blumen und Gras. Ich war ein kleines Stückchen voraus, da der Vater nach Blumen suchte. Mit einem Male fing Etwas laut an zu pfeifen: „Tiet, tiet, tiet, tiet, tiet!" fast so wie ein Meerschweinchen schreit, wenn es erschreckt wird. Ich erschrak beinahe etwas, denn ich dachte zuerst, es sei etwa ein Raubvogel. Die Falken schreien manchmal auch so ganz ähnlich. Ich stehe also still und sehe den Führer an, der lacht und sagt: „Das sein Mormoten (Murmelthiere), junger Herr; die wohnen dort in den Felsen!“ Ich bitte ihn, daß er mir die Murmelthiere zeigen soll, da lacht er wieder und meint: „Sehen kann man's nicht leicht, blos pfeifen hören kann man's! Sie sind gar sehr scheu und eins hält immer Wache; wenn's Jemand kommen hört oder den Geier merkt, dann pfeift's und Alle fahren ins Loch. Aber ich hab' eins daheim, das ich voriges Jahr hier gefangen hab', das will ich dem jungen Herrn zeigen, wenn wir nach Haus kommen. Es ist ganz zahm und kann auch schön tanzen!“

So zeigte mir der Führer denn drunten unter den Steinen die Löcher, die tief in den Berg hinein gehen. Man konnte kaum mit der Hand durch. Ich habe zwar mit dem Stock hinein gestochen, allein die Röhre war krumm, da kam ich nicht weit.

Innen haben die Murmelthiere eine Kammer und von dieser führen mehrere Gänge hinaus. Sie können kratzen und wühlen wie die Kaninchen. An den Vorderbeinen haben sie starke Nägel. Die Vorderzähne sind sehr groß, sehen aber gelb aus. Sie haben keine Zahnbürste und kein Zahnpulver. Der Schwanz ist länger als bei den Kaninchen und die langen Haare daran sehen fast aus wie ein Schweif.

Im Winter liegt hier an den Bergen der Schnee so hoch wie ein Haus. Wenn's kalt wird, tragen die Murmelthiere Grashalme und welke Blätter zu= sammen in ihre Höhle. Sie machen es dabei wie der Hamster und stopfen das Maul voll. Haben sie die Schlafkammer dicht ausgefüttert, so kriechen sie alle zusammen, manchmal ein Dutzend oder ein Mandel, alle in dasselbe Winter= quartier. Dies legen sie gewöhnlich in einem Thale etwas weiter unten im Gebirge an und machen auch nur einen einzigen Gang dazu. Die Röhre soll aber mitunter zwei bis drei Mannslängen weit in den Berg hinein gehen. Sind alle darin, so verschanzen sie sich in ihrer Festung und stopfen den Gang mit Erde, Steinchen und Heu zu. Dann kugeln sie sich zusammen und schla= fen. Denke Dir, was es ein solches Murmelthier gut hat: von Michaeli an kann es in einem Stück fortschlafen bis nach Ostern, bis unser Examen vorbei ist. Während der Zeit frißt es gar nichts. Es soll auch nur sehr wenig Athem holen und sein Puls soll fast still stehen. Es soll dann auch fast gar nichts füh= len. Erst wenn im April der Schnee wieder aufthaut, wacht die Gesellschaft auf und wird allmälig lebendig. Sie scharren dann das Heu auf die Seite und gucken vorsichtig heraus. Sowie es warm wird, marschiren sie dann wieder höher am Berge hinauf nach dem Sommerlogis.

Mitunter geht's den Murmelthieren freilich auch recht übel. Es kommt manchmal vor, daß der Schnee in einem der hohen Thäler während eines Sommers gar nicht wegthaut, oder daß ein Gletscher, der in der Nähe ist, weiter vorrückt und die Murmelthierhöhlen mit verdeckt. Dann schlafen die armen Thiere so lange fort, bis sie todt sind.

Von den Jägern werden sie mitunter aus ihren Höhlen herausgezogen; sie nehmen lange biegsame Stöcke dazu und machen vorn Eisenhaken daran. Das Fleisch soll ganz gut schmecken, wenn es gekocht oder gebraten ist.

Wir sind länger als eine Stunde droben in dem Murmelthierthale geblieben, haben dort Edelweiß gepflückt und der Vater hat auch noch andere Pflanzen gefunden. Die Murmelthiere haben öfter gepfiffen, aber es hat sich kein einziges sehen lassen, so sehr ich auch aufpaßte. Ich glaube, sie haben blos die Nase aus dem Loche herausgesteckt.

Am Abend war ich zu müde, aber am andern Morgen zeigte mir der Sepp sein Murmelthier. Es sah fast aus wie ein Hamster, grau, braun und weiß, unten an der Kehle und Brust war's etwas dunkler als oben. Es war ganz zahm und fraß mir einen Nußkern aus der Hand. Der Mann füttert es mit Blättern und Wurzeln. Es säuft Milch und leckt die Butter vom Brode. Das Brod frißt es aber auch. Es nahm das Stückchen zwischen die Vorderpfoten, setzte sich gerade in die Höhe und fraß so possierlich, wie ein Eichhörnchen. Joseph sagt: es möge auch Braten; es bekommt aber keinen. Er hatte es abgerichtet, daß es Männchen machte und tanzte. Dann setzte er ihm einen papiernen Federhut auf und ließ es mit einem Stock Schildwache stehen. Dann wieder steckte er es hinter einen Schrank, der neben der Wand stand; da kletterte es flink in die Höhe und guckte von oben lustig herunter. Er meinte, es tauge sehr gut zu einem Schornsteinfeger, es könne sogar auf Bäume hinauf steigen.

Ich hätte Dir das Murmelthier sehr gern mitgebracht, aber auf die Reise konnten wir's doch nicht mitnehmen. Wir haben noch viele Tage zu wandern. Der Vater meinte, es würde unterweges umkommen. Zudem war es auch theuer; es sollte mehrere Thaler kosten. Ich wünschte aber doch, daß Du eines hättest, denn es ist gar zu possierlich: darum hat Dir wenigstens ein Murmelthier mit in den Brief gemalt

Dein
Hermann.

20.

Im Bannwald.

An die steile Bergwand klammert sich ein dunkler Waldfleck. Das Wäldchen ist dem Thalbewohner ein Heiligthum. Mehr als stundenweit holt er seinen Holzbedarf mühsam auf dem Schlitten herzu oder trägt ihn auf dem Rücken nach seiner Hütte. An jenes Wäldchen legt er aber keine Axt, dort wird kein Baum vom vernichtenden Eisen bedroht. Es ist ein Bannwald.

Ein ganz schmaler Fußpfad führt uns nach jenem Wäldchen. Wir scheuchen hier einige Ziegen auf, die vom nahrhaften Alpen-Wegerich naschten. Ein schmales, halbverrottetes Bret dient als Steg über den Gießbach, der vom Berge in zahllosen Wasserfällen herabstürzt, ein Abfluß des ewigen Schnee's hoch droben.

Jetzt sind wir im Walde. Hier lustwandelt sich's nicht so bequem wie im Forste des Tieflandes. Hier ist's ein höchst mühsames Klettern. Selbst der Alpstock reicht nicht immer aus. Die Hände müssen den Beinen zu Hülfe kommen und die verschiedensten Künste finden hier praktische Anwendung.

Wir sind ermüdet von der ungewohnten Anstrengung und setzen uns auf eine knorrige Wurzel am Fuß eines Strunkes, um etwas auszuruhen. Des Baumes Zweige reichen fast bis zum Boden herab. Die Rast giebt uns Veranlassung, den Baum ein wenig näher zu beschauen, der uns in seinen Schutz aufnahm. Der Wuchs und die langen Nadeln erinnern uns auffallend an die Kiefer, allein die Nadeln sind glänzend frischgrün und stehen zu fünf bei einander, während sie bei der Kiefer nur zu zwei gepaart sind. Es ist eine Arve. Hier finden wir auch reife Zapfen. Sie sind mehr als fingerlang, drei Finger breit und eiländlich von Form. Es stecken noch einige Samenkörnchen zwischen den klaffenden, abgerundeten Schuppen. Sie ähneln den Kernen der Sonnen-

Arvenwald.

rosen, nur ist ihre Farbe braun und an der Seite siehst du einen schmalen Hautrand. Koste den Kern, er schmeckt angenehm nußartig. Lustige Meisen und Kreuzschnäbel finden hier offene Tafel und leckeren Schmaus.

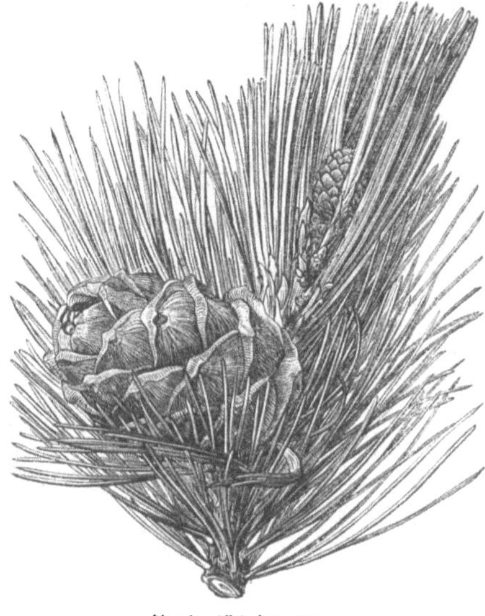

Zweigstück der Arve.

Auch das Holz der Arve ist vom Holzschnitzer gesucht und geschätzt, aber, wie gesagt, in diesem Walde hier mag der Baum ruhig grünen, so lange Lebenskraft in ihm ist. Nur wenn er etwa vom Alter gebrochen in sich zusammenstürzt, nimmt ihn der Holzhauer hinweg, um frischem Nachwuchse Luft zu verschaffen.

Wir steigen noch höher hinauf. Wir wollen sehen, was hinter dem Walde ist; ein Blick dorthin wird uns die Bedeutung des letztern erklären.

Die Bäume hören endlich auf und dichtes Gestrüpp folgt. Es ist eine heillose Arbeit, hier durchzukommen. Das Knieholz legt seine breiten Astbüschel über Felsblöcke. Es erscheint uns wie verkrüppelte Kiefer, hat dieselben Doppelnadeln und dieselben kugelig-kleinen, kegelförmig gespitzten Fruchtzapfen, nur ist Alles gedrungener im Wuchs, der Stamm an den Boden gelegt und nicht selten schlangenartig gewunden. Zwischen die Knieholzgestrüppe flechten sich Zwergwachholder und Sadebusch. Stellenweise wechseln damit Alpenrosen, Bergerlen, Weiden, Stecheichen, Sumpfheidelbeeren und Rauschbeeren. Sie alle überspinnen wie eine Filzdecke aus verworrenem Drahtgeflecht die steile Halde. Der Boden ist mit dichtem Moospolster überdeckt. Du siehst nicht, wo du hintrittst. Die Lücken zwischen den Gesteinen sind von Moos überzogen. Nimm dich in Acht, daß du den Fuß nicht hineinklemmst. Die Steine liegen von allen Größen übereinander. Ein Felsblock, so groß wie ein mäßiges Haus, versperrt hier das Weiterklimmen; halte dich rechtsherum, ich will es linkshin versuchen. Keiner kann dem Andern hier beistehen; Jeder muß selber zusehen, wie er weiter kommt.

Endlich erreichen wir die Höhe des nächsten Felsgesimschens, das ringsum mit duftenden Primeln gepolstert ist. Flühblümli nennt sie der Alpenbewohner, drüsiges Primel der Botaniker (Primula viscosa). Das Kraut hat einen lieblichen Wohlgeruch und was muß es für eine Pracht sein, sie im Monat Mai blühen zu sehen, wenn sie wie ein Purpurteppich die Matten und Felsgesimse umsäumen, sowie der Schnee schmilzt! Sie erblühen schon im Schutz der schmelzenden Winterdecke und sind bereits in voller Pracht, wenn der Berg das weiße Winterkleid abgelegt hat. (Abbildung siehe am Schluß S. 72.)

Pomeranzenfarbiges Habichtskraut und goldblumiges Kreuzkraut schauen über die kleinen Gesträuppe der Azaleen und Rauschbeeren hervor und auf den Steinen klammern sich Mannsschild und Steinbrechpolster fest.

Jetzt schaue dich um! Wie viel tausend Fuß mögen es wol sein, daß sich die Bergwand in gleicher Steilheit nach oben zu fortsetzt? Ich vermag nicht es zu beurtheilen. Es fehlt hier jeglicher Maßstab. Nur wenige kleine Thalmulden scheinen die Bergseite zu unterbrechen bis hinauf zu dem riesigen Gletscher, dessen Firnsaum dort oben blendendweiß niederleuchtet.

Von den Felswänden droben stürzt alljährlich Gestein, das Winterfrost, Regen und Schnee abgelöst hat. Es rollt zur Tiefe, bis das dichte Gesträpp und der Wald es zurückhält. So werden drunten die Wiesenmatten und Häuser der Leute beschützt.

An der ganzen weiten Wand hinauf baut sich der Schnee im Winter gleich einer neuen Gebirgslage auf, gerade an dieser Stelle um so höher und massenhafter, weil hier der Berg durch eine flache Mulde gefurcht ist. Bringt der warme Südwind, der Föhn, Thauwetter, so würde die ganze Schneemasse an der steilen Bergseite ins Gleiten gerathen und als riesige Lawine das Thal sammt seinen Bewohnern begraben, aber das zähe Gesträpp und der Bannwald halten die Schneedecke zurück, daß sich die Grundlawine nicht bildet. Jeder Knieholzbusch ist eine Hand, jeder Arvenbaum oder Lärchenstamm ist ein Arm, der den thauenden Schnee packt und ihn auf seinem Lager zu bleiben zwingt.

Die Wurzeln der Bäume und Sträucher kriechen gleich Schlangen über die Felstrümmer hin. Wie zähe Seile umstricken sie das lose Gestein. Moose und Kräuter, Gräser und Stauden siedeln sich zwischen ihnen an. Ihre abgefallenen Blätter verwesen zu fruchtbarer Alpenerde, die durch das rieselnde Schneewasser allmälig den Matten in der Tiefe zugeführt wird. Wäre die Bergseite hier von Wald und Gesträpp entblößt, so würden binnen wenig Jahren die Lawinen und Steinstürze; die Gewittergüsse und Stürme selbst die letzte Spur von fruchtbarem Boden hinwegfegen und nur eine kahle Halde hier sein, die nicht einer Schmetterlingsraupe Nahrung gewährte.

Selbst ffür die weniger wilden Thiere des Alpenthales ist ein solcher Bannwald und das Knieholzgestrüpp eine Wohlthat und häufig der einzige Zufluchtsort. Im Schutze des verworrenen Buschwerks brüten Steinhühner, Birkhühner und Schneehühner ihre Eier; hier führen sie ihre Küchlein zum ersten Futter, scharren nach den Käfern und naschen reife Beeren. Hier verkriecht sich der weiße Alpenhase und das kleine Geschlecht der Mäuse. In das dichte Gestrüpp schlüpft der schlaue Fuchs, ja selbst der zottige Bär, — wenn ein solcher vorhanden ist. Sei nicht bange, in diesem Thale weilt kein grimmiger Petz; es sind schon viele Jahre verflossen, seit der letzte erlegt ward. Weiter westlich, im Engadin, kommen zwar noch Bären vor und einzelne davon, die besonders reiselustig sind, wandern gelegentlich auf den Bergkämmen entlang auch bis zu den Bergen im Ober-Innthal. Nach dem Oetzthal dringen sie aber nie vor, denn sie müßten dabei Gletscher und Firnfelder von solcher Aus-dehnung überschreiten, daß selbst einem Bär davor graut.

In das Bannwäldchen flüchten sich im Winter die Gemsen. Hier finden sie Nahrung, wenn ringsum der hohe Schnee jegliches Grasspitzchen verdeckt.

Wir brechen vom Arvenbaum und von jeder Strauchart ringsum ein Zweiglein und nehmen es mit zum Andenken an den geschützten und schützenden Bannwald.

Flühblümli. (Natürl. Gr.)

21.

Gemsbraten.

————

Hermann an seine Mutter.

Liebe Mutter!

Wir haben heute Etwas gegessen, das Du gewiß noch nicht gespeist hast und das wahrscheinlich auch nicht einmal in Deinem Kochbuche steht, Gems= braten nämlich und zwar diesmal wirklichen. Der Herr Kaplan hat uns das Fell gezeigt, das noch frisch war, und die Hörner auch noch daran. Er sagte, die Gemse sei auf einem Berge in der Nähe geschossen worden. Wir wohnen nämlich heute in Fend bei dem Geistlichen des Ortes, der sich darauf eingerich= tet hat, fremde Reisende aufzunehmen. Er hat ein besonderes hübsches Haus dazu bauen lassen mit niedlichen Stübchen darin und ist selbst auch ein sehr netter, freundlicher Mann. Wirthshäuser giebt's sonst hier nicht, ja der ganze Ort besteht nur aus einigen wenigen Häusern.

Der Herr Kaplan erzählte mir davon, wie die Gemse geschossen worden ist. Hier ist die Jagd auf Gemsen nicht so bequem wie in Bayern, denn es giebt hier nur noch sehr wenig. Es darf hier Jeder auf die Gemsenjad gehen, der Lust dazu hat. Es ist dies aber gar nicht so leicht. Ein solcher Gemsjäger muß sehr gut klettern können und in der ganzen Gegend genau Bescheid wissen. Manchmal wandert er zwei oder drei Tage umher, ehe er ein Thier zu sehen bekommt. Mitunter sieht er auch gar keins. Er nimmt sich Brod und Käse mit, nur selten etwa ein Stück Fleisch; dazu wol ein Fläschchen mit Wein oder Kirschgeist. Zu Nacht bleibt er in einer Sennhütte oder in einem Heu= stadel, manchmal sogar unter freien Himmel zwischen den Felsen. Die Gemsen sind außerordentlich scheu und wittern den Jäger schon aus weiter Ferne, wenn

er nicht gegen den Wind geht. Hat er ein Thier geschossen, so nimmt er's auf
das Genick und klettert damit wieder bergab. Das ist eine sehr gefährliche Ar=
beit und deshalb ist der Gemsbraten auch theuer.

Der Vater sagte, Deine Winterhandschuhe seien aus Gemsleder. Vielleicht
sind sie auch hier auf dem Berge herumgelaufen, als sie noch lebendig waren.

Der Braten war aber ganz delikat und der Rothwein dazu auch. Ich
wünschte nur, Du hättest können dabei sein und mit essen.

Gestern hatten wir auch Gemsbraten bei dem Kaplan in Heiligen=Kreuz;
das war aber kein echter, sondern Rindfleisch. Die Kuh war schon im vorigen
Winter geschlachtet und das Fleisch an Stricken in Spalten des Gletschers auf=
gehangen, der zwei Stunden von dort entfernt ist. Es stiehlt's ihnen Niemand;
es sind nicht viel Leute hier und Jeder weiß, was der Andere macht.

Die Köchin hatte das Rindfleisch nach dem Rezept
des Jacob gebraten, als er den Esau spielte, wir konn=
ten es aber kaum beißen. Der echte Gemsbraten heute
schmeckte bald wie junger Rinderbraten oder wie von
Reh. Wir hätten Dir gern ein Stück mitgeschickt, aber
es ging nicht wegen der Sauce; statt dessen leg' ich Dir
etwas Salat bei. Es ist ein Blümchen, das die Leute
hier Gamskrös (Gemsgekröse) nennen; der Vater
sagt, es sei Alpen=Hutchinsie, eine Kreuzblume. Ein
Gemsjäger sagte uns: es sei ein „sehr gut Kraut für
die Brust." Frisch schmecken die Blätter fast wie

Alpen-Hutchinsie. (Natürl. Gr.) Brunnenkresse und der Vater meint, man könne viel=
leicht einen Salat daraus machen. Nimm also mit diesem vorlieb und mit
vielen Grüßen von

Deinem

Hermann.

Wildheuer.

22.

Alpenheu.

In den höhern Alpenthälern gedeiht nur wenig Getreide, in vielen gar keines. Dort leben die Leute einzig von ihren Kühen und Ziegen, diese wiederum von den Gräsern und Kräutern der Wiesen.

Der Winter währt dort droben ein halbes Jahr, in manchen Hochthälern auch acht bis neun Monate. Nur während des kurzen Sommers kann das Weidevieh draußen sich selbst sein Futter suchen, während der andern Zeit muß es mit Heu im Stalle gefüttert werden. Je mehr der Aelpler Heu machen kann, desto mehr kann er Vieh ernähren, desto mehr auch Butter und Käse verkaufen. So sorgsam wie der Bauer des Tieflandes das Getreide des Feldes beschützt und behütet, so sorgsam achtet der Aelpler auf jedes Gräschen und Kraut, um es zu nutzen. Er bezieht ja mit seiner Familie seinen Unterhalt davon.

Wir werden heute auf unsrer Wanderung die Leute bei der Heuernte treffen. Alle Hände sind dabei thätig; die Häuser stehen leer, nur der Hofhund spaziert ernsthaft in seinem Reviere umher und sieht zu, ob Alles in Ordnung ist.

Rings um die Häuser des Dorfes und um die einzeln liegenden Weiler sind saftige Wiesenflächen, jede sorgsam umhegt mit Holzzäunen. Das Vieh, welches auf der Straße entlang getrieben wird, soll nicht aus dem Wege gehen und die Halme benaschen oder zertreten. Diese Hauswiesen sind das Kleinod des Aelplers. Von ihnen erhält er das meiste Heu. In günstigen Lagen kann er sie zwei=, manche auch dreimal mähen. Er düngt und wässert und sie kann bei ihnen am sichersten darauf rechnen, daß er ihren Graswuchs einbringt.

Weiter entfernt von den Gehöften liegen andere Wiesenflecke, manche schon an den Bergseiten hinauf oder zwischen Waldstrecken. Sie sind ohne Gehege. Ihre Gräser und Kräuter sind noch ähnlich jenen auf unsern Wiesen, oft aber schon niedriger von Wuchs. Auf ihnen stehen Häuschen, aus Bohlen und Bretern errichtet, oben mit einem Dache geschützt, an einer Seite mit einer Oeffnung. Es sind Heustadel, Häuser für's Heu. Hier birgt der Aelpler die ge= dörrten Gräser. Er erspart dadurch viel Zeit. Im Winter, wenn nichts Noth= wendiges mehr zu thun ist und die Vorräthe daheim zur Neige gehen, fährt er mit dem Schlitten hinaus nach den Heustadeln und bringt ihre Schätze nach Hause.

Je höher wir an den Bergen hinaufsteigen, desto mehr verändern auch die Wiesen und Matten ihr Ansehn. Droben, wo der Wald aufhört, kommen wir auf die eigentlichen Alpweiden. Auf ihnen grasen die Kühe, an den steilern Gehängen klettern die Ziegen und noch höher, in den Felsenthälern, in denen nur noch spärlich ein Gräschen sprießt, suchen sich Schafe mühsam ihr Futter.

Auch hier sind gewisse Matten zur Heunutzung bestimmt und dem Vieh verboten. Hier wachsen die echten Alpenkräuter von niederem Wuchs. Das dunkelbraune Ruchbrändli (siehe Abbildung auf S. 77, Fig. 3) begrüßen wir zuerst. Es ist eine Verwandte unserer Orchis und duftet ganz wie Vanille. Daneben steht das wilde Aurikel, dann folgt ein Rasen von feinblättrigem Al= pen=Windhalm (Fig. 1), dann blaue Schafblumen und weiße Silberwurz. Etwas höher strecken sich Büschel von Knollenkraut (Fig. 6) und duftender Steinklee, Alpen=Lieschgras und Köhlerie, Hainsimsen und Wiesenscepter, roth oder gelb blühend, folgen nun; dann wieder Hahnenkopfklee, düster violet= ter Alpenklee (Fig. 2), blaue Rapunzeln, Enzian, Glocken, Kreuzkräuter, Fin= gerkräuter (Fig. 4), Habichtskräuter mit pomeranzenfarbigen Blumen und zahlreiche andere. Nur selten mischt sich ein Ruchgras, ein Rispengras, ein

Augentrost oder ein ähnliches Gewächs des Tieflandes dazwischen. Einige unserer alten Bekannten aus der Heimat begleiten uns freilich bis hoch hinauf auf die Bergspitzen und erhalten dabei einen gedrungenen, kürzeren Wuchs, niedere Stengel und größere, lebhafter gefärbte Blumen.

Hier bei den niedern Kräutern an steilen Berglehnen muß auch der Aelpler ganz anders beim Mähen verfahren als auf den fetten Thalwiesen. Die schweren Alpschuhe bewaffnet er mit vierkralligen Steigeisen, die er durch starke Riemen festschnallt. Das Leben des Mannes hängt von ihnen ab. Die Sense regiert er mit einer Hand. Sie ist nicht viel größer als eine Sichel, hat eine kurze, flache Klinge und einen Stiel, der nur einen Arm lang ist.

Alpenblumen.
1. Felsen=Wildhalm. 2. Alpen=Klee. 3. Ruchbränbli (Nigritelle). 4. Großblumiges Fingerkraut.
5. Alpen=Wegerich. 6. Alpen=Knollenkraut (in halber Größe).

In der linken Hand hält er einen Besen, aus den Reisern der Alpenrose gebunden. Mit diesem drückt er die Gräser und Kräuter gegen die Schneide der Sense und mäht sie so vom Rande des Abgrundes hinweg, ohne ein Hälmchen zu verlieren.

Noch höher hinauf, wohin kein Vieh sich getraut zu steigen, darf der Wildheuer mähen. Er ist der arme Mann im Dorfe, der keine Alm und keine Wiese besitzt und mit dem vorlieb nehmen muß, was Andere nicht mögen, weil's ihnen zu beschwerlich ist. An den schmalen Felsgesimsen klettert der Wildheuer hin, gleich einer Gemse, und schneidet das Gras über dem gähnenden Abgrund hinweg. Er bindet es in ein grobes Tuch zu einem Bündel und trägt's auf dem Kopfe den gefährlichen Weg wieder hinab. Schon Mancher stürzte dabei in die Tiefe und verlor kläglich sein Leben. Er sammelte Winterfutter für die Ziege daheim, die ihn und sein Kindlein ernähren hilft.

Heuziehen im Winter.

Auch droben auf den Alpenweiden birgt man das Heu oft in hölzernen Heustadeln oder baut es unter schützenden Felsen zu Haufen auf. Sobald Schnee fällt und die Wege etwas ebnet, das Steingeröll überdeckt und die Klüfte füllt, ergreifen die Thalbewohner die Schlitten und ziehen hinauf auf die Berge, um die Heuvorräthe herabzuschaffen, wenn nicht Hasen, Gemsen und Rehe sie schon theilweise verzehrt haben. Es giebt dabei manche gefährliche, halsbreche= rische Fahrt und Unglücksfälle sind gerade keine Seltenheiten. Viele von den

Unglückstäfelchen, welche neben dem Wege in den Alpenthälern stehen, erzählen davon, daß hier in der Gegend Leute beim Heumachen und Heuschlitten ihr Leben verloren haben. Manche waren dabei von der Felswand gestürzt, andere unterwegs von Lawinen erfaßt worden. Ist das Heu glücklich heimgebracht, so folgt im Hause Tanzvergnügen nach der Fiedel und dem Hackbret und Schmaus dazu, so gut als ihn Küche und Keller ermöglichen können.

Heu muß dem Alpenbewohner zu mancherlei Zwecken dienen. Es vertritt gewöhnlich die Stelle des Bettstrohes, oft auch die Stelle der Federbetten. Manche Alpen, wie jene bei Seis, werden sogar von kränklichen Leuten besucht, die in dem frischen Alpenheu Schwitzkuren durchmachen, um sich dadurch von rheumatischen Uebeln zu befreien.

Da der Aelpler wenig Getreide baut, fehlt ihm auch das Stroh zum Einstreuen in seinen Viehstall. Er muß sich mit Waldstreu behelfen. Frauen und Kinder ziehen deshalb im Sommer hinaus in den Wald und harken Moos, Heidekraut, Laub und niedriges Gestrüpp zusammen. Dies schaffen sie nach Hause. Oft benutzen sie auch im Sommer hierzu die Schlitten und ein tüchtiger „Knab' vom Berge" muß es gründlich verstehen, den schwerbeladenen Schlitten zu lenken und einzuhalten, wenn er auf dem glatten Rasen des steilen Abhanges hinabsaust, damit er nicht am Felsen zerschellt oder in den Abgrund und in den Wildbach hinabschießt.

Heustadel.

23.

Der Alpenhaſe.

Weißt du, wer der Dieb iſt, der dem Bauer das Heu ſtiehlt? Der Alpenhaſe thut es und die Häſin hilft ihm dabei.

Der Alpenhaſe wohnt droben auf dem Berge, wo der Wald aufhört und
die duftigen Kräuterwieſen beginnen. Er iſt ein Nachbar der Gemſen und
Murmelthiere. Seinem Vetter, dem gewöhnlichen Feldhaſen, iſt er zwar ſehr
ähnlich, beſonders im Sommer, wenn er ſein braunes Pelzwamms trägt, er
unterſcheidet ſich aber doch von ihm durch Mancherlei. So ſind ſeine Zehen
länger und ſpreizen ſich beim Laufen mehr aus; ſeine Nägel ſind ſtärker. Er
vermag beſſer am Berge zu klettern, im Gebüſch umherzutummeln und über
den lockern, tiefen Schnee wegzulaufen.

Im Sommer führt der Haſe ein luſtiges Leben! Früh, wenn die Morgen-
ſonne die weißen Schneehäupter roſenroth malt und im Thale drunten noch die
Nebel lagern, iſt's Häslein ſchon munter. Es putzt ſich den langen Schnurr-
bart mit den Pfoten, ſpitzt die Ohren und horcht nach allen Seiten, wittert

gegen den Wind und prüft, ob Alles ruhig und ſicher iſt, — dann nimmt er ſein Frühſtück ein wie ein vornehmer Herr. Er ſpeiſt lauter auserleſene Sachen. Jetzt naſcht er von einer köſtlichen Silberwurz, jetzt von einer Schwarzſtändel, die wie lauter Vanille duftet. Dann wieder ſpeiſt er ein wenig Ruchgras und Alpenhafer und wol auch etwas Enzian oder Alpenwehrmuth, denn das iſt gut für den Magen. Will er würzige Bärwurz, ſo hat er ſie gleich zur Seite. Hat er ein Gelüſt nach dem ſaftigen Wegerich, ſo braucht er ſich nur zu bücken. Aurikel und Flühblümchen, Speik und Mannsſchild und wie ſie ſonſt noch alle heißen, ſie ſtehen ringsum, blühen und duften, als ſei es eine reichgedeckte Tafel, eigens für den hochgeborenen Herrn zurecht gemacht.

Giftiger Germer und Eiſenhut ſind zwar auch in der Nähe, Herr Haſe hütet ſich aber gar wohl davon zu naſchen. Daß ſie ihm ſchädlich ſind, hat ihn entweder ſeine Frau Mutter gelehrt oder ſeine Alles beſchnuppernde Naſe.

Jetzt iſt das Frühſtück beendet, nur noch ein wenig Weidenrinde kommt etwa zum Nachtiſch ſtatt Zahnſtocher. Dann putzt er ſich wieder den Bart und ſetzt ſich auf den Stein mit weichem Moos. Wenn er ſingen könnte, der Haſe, er würde ein luſtiges Lied anſtimmen, etwa: „Ich bin der Haſ' vom Berge!“ oder ſo ähnlich, denn er iſt ſeelenvergnügt.

Dann ſtreckt er ſich auf den Stein, ſo lang und breit er iſt, und die Sonne wärmt ihn. Er hält ſein Morgenſchläfchen mit offnen Augen, gerade wie ſein Vetter, der Krauthaſe. Er hat dieſelbe Farbe wie der Stein und du kannſt nahe an ihm vorbei gehen, du bemerkſt ihn nicht leicht. Auch der Adler droben muß ſehr genau ausſchauen, wenn er ihn ſehen will.

Kommt dann der Abend, ſo ſpeiſt der Alpenhaſe das Nachtmahl und tummelt ſich aus, ſpielt mit ſeinen Kameraden ein wenig Verſteckens und Haſchens und alle achten wohl auf, daß nicht der Fuchs mit dazu kommt und das Spiel durch ſeine Unarten verdirbt. Dieſer iſt ein ſchlimmer Schalk und faßt viel zu derb zu, ſo daß der Spaß zu Ende geht.

Aber wenn der Winter kommt, iſt auch für den Alpenhaſen die ſchöne Zeit vorbei. Sowie der Schnee fällt, wandelt ſich ſein Pelz. Die braunen Haare fallen aus, es wachſen ſtatt ihrer ſchneeweiße. Nur die Spitzen der Ohren bleiben ſchwarz. So ſieht der Alpenhaſe faſt aus wie ein weißes Kaninchen, hat aber nicht ſo rothe Augen wie dieſes, ſondern braune.

Die Heumacher haben die Gräſer und Kräuter rein abgemäht, die Wild⸗ heuer haben ſie ſogar von den Felsgeſimſen weggeholt und Alles auf Haufen und in die Heuſtadeln und Gaden geſchafft. Es fällt hoher Schnee. Das Häs⸗

lein schneit zu und seine Familie mit. Was sollen sie speisen? Sie scharren sich Gänge im Schnee und suchen nach Weidengestrüpp, nagen die Rinde ab und verzehren die Knospen. Es ist eine gar magere Kost.

Hat sich der Schnee etwas zusammengesetzt, ist er fester geworden, so spazieren die Häslein oben hinauf und schauen um, ob's irgendwo etwas Besseres zu schmausen giebt. Sie entdecken die Heuschuppen der Bauern und nun feiern sie Erntefest. Warum sollten die Leute auch das Heu hier gesammelt haben? Für wen ist es so sorgsam geborgen unter Dach und Fach — doch für Niemand sonst als für die Hasen? Mitunter kostet es diesen freilich etwas Mühe, dazu zu gelangen, denn der Eingang liegt oben; aber der Wind hat den Hasen den Weg gebaut und eine hohe Schneewehe als Brücke und Leiter daran gesetzt, dort geht es hinauf und hinein ins schöne Heu. Das ist wie im Märchen vom Schlaraffenland und Pfannenkuchenberg. Jetzt wohnen sie mitten im Futter und brauchen nur zuzubeißen, wenn sie Appetit haben. Und warm ist solch ein Lager! Es geht doch nichts über ein Heustabel!

Bei aller Lust vergessen aber die Hasen doch nicht die Vorsicht. Sind sie zu Zwei in demselben Gaden, so schlägt der eine sein Lager an der einen Seite auf und sein Kamerad an der andern; nun können sie unbesorgt schlafen. Kommt ungebetener Besuch, so weckt der, welcher ihn zuerst bemerkt, den Gefährten und beide entfliehen gemeinschaftlich.

Diese Herrlichkeit geht aber auch bald zu Ende. Die Bauern brauchen das Heu für ihr Stallvieh und kennen die Diebereien der Hasen. Sie kommen mit Schlitten, laden das Heu auf und fahren's zu Thale. Da bleibt den Hasen nichts übrig als das Nachsehen, ob hier und da ein Hälmchen verloren ging oder Etwas in den Ritzen stecken blieb.

Der Winter ist gar lang und der Schnee hoch, die Adler haben scharfe Klauen und die hungrigen Füchse spitze Zähne. Selbst die Jäger steigen im Winter auf den Berg hinauf, folgen den Fußspuren der Hasen auf allen Krümmungen und Widerhaken und beschleichen sie in ihrem Lager. Der Winter ist eine schlimme, schlimme Zeit, doch folgt auf ihn ja der Frühling mit neuen Blumen und neuer Lust. Sind auch eine Anzahl Kameraden gefallen, so vermehrt sich die Familie ja bald wieder durch junge Häschen, die schon am zweiten Tage ihres Alters Sprünge machen und mit der Mama nach jungen Grasspitzchen ausspazieren können. Der weiße Winterpelz verschwindet wieder mit dem Schnee, und mit dem braunen Sommerrock ist auch alle Noth und Mühe vergessen.

24.

Gebirgsbäche und Wasserfälle.

Hermann an seinen Bruder Karl.

Lieber Karl!

In den Alpen giebt's nicht blos Milch, sondern auch viel Wasser. Die Alpenwasser sind ganz anders als jene bei uns daheim. Sie sind zwar gerade so naß als die unsrigen, haben aber außerdem ein ganz anderes Wesen. Unsere Flüsse und Bäche marschiren so langsam und gemächlich zwischen den Wiesen und Feldern dahin, als ob sie spazieren gingen, man hört selten einmal ein Plätschern oder ein schwaches Rieseln. Die Alpengewässer aber, so viele ich gesehen habe, sind wilde, wilde Burschen.

Selbst der Inn, der doch bei Imst schon ein tüchtiger Fluß ist, stürzt brausend und schäumend in einem steilen Felsenbett entlang, das er sich selbst ausgewaschen hat. Man begreift nicht, wie es möglich ist, da hinüber eine

6*

Brücke zu bauen oder vollends gar in einem Kahne hinüber zu fahren. Neben der Brücke bei Ropen, über die wir gingen, war auch auf einem sogenannten Martertäfelchen angemalt und geschrieben, daß hier mehrere Leute beim Ueberfahren mit dem Kahne verunglückt seien.

Dann kamen wir in das Oetzthal. In diesem jagte der Oetzthaler Achen entlang. Nein, was so ein Bergbach für tolle Sprünge machen kann, das hättest Du sehen sollen! Die Ufer bestehen fast allenthalben aus steilen Felsen. Auf dem Grunde liegen auch Felsblöcke von allen Größen und über diese setzt nun das wilde Wasser hinweg, daß der Gischt bis an die Brücken hinaufspritzt. Ich habe Wellen gesehen, die dreimal so hoch schlugen als ich selber hoch bin. Den ganzen Tag über hört man fortwährendes Brausen und Donnern. Der Vater meinte: der Lärm käme wahrscheinlich mit davon, daß die Steine im Bach gegen einander rieben, sich dabei abrundeten und weiter rückten. Drei Tage lang gingen wir an diesem Wasser stromauf und fortwährend war es gleich wild und tosend. Links und rechts stürzten von den Bergen kleine Bäche herab. Manche machten dabei prächtige Wasserfälle; so war besonders schön der Fall, den der Stuibenbach bei Umhausen bildet. Manchmal sahen wir sogar sechs oder sieben Wasserfälle mit einem Male. Anfänglich waren wir ganz entzückt darüber, später kam es aber vor, daß wir sogar ärgerlich darüber wurden. So erging es uns bei Fend. Wir waren dort ein paar Stunden lang an einem Berge herum geklettert, um Alpenpflanzen zu suchen. Als wir nach Fend zurück wollten, geriethen wir an einen Bergbach, der von den Schneelagern des Wildspitz herabstürzte. Er bildete eine fortlaufende Reihe so schöner, hoher Wasserfälle, daß wir nirgends darüber konnten. Wir mußten lange suchen, ehe wir eine Stelle fanden, um darüber hinweg zu gelangen.

Die Wasser, welche unter den Gletschern hervorquellen, sind sehr trübe und schmutzig, die andern aber ganz klar. Kalt sind sie alle. In einem kleinen Bache am Anfange des Oetzthales war der ganze Grund mit lauter schönem Glimmersand bedeckt, der wie das prächtigste Silber funkelte. Eine Probe davon schickt Dir anbei mit

Dein

Hermann.

25.

Die Forellen.

———

Die Forelle lebt im klaren Gebirgsbach, sie vermeidet den trüben Fluß und das milchweiße Gletscherwasser. Aber in den krystallhellen Bächen, die in tausend kleinen Wasserfällen von den Bergen her= abhüpfen, treibt sie lustig ihr Wesen, springt mit den Wellen um die Wette, läßt sich von dem stürzenden Wasser zu Thale treiben und schnellt von Stufe zu Stufe, von Stein zu Stein wieder hinauf.

Im Frühjahr schlüpfen die jungen Forellen aus dem röthlichen Laich, den die alten Fische im November zwischen die Steine des Bachgrundes verborgen hatten. Sie lernen ihre Eltern nie kennen; diese kümmern sich nie um ihre Kinder. Schon ehe das Eis aufthaut, ziehen die alten Forellen stromab nach den tieferen Stellen und überlassen es der Sonne und dem Wasser, den Laich auszubrüten. Die winzig kleinen Fischchen müssen schon für sich selbst sorgen, sobald sie aus dem Ei kommen. Sie fangen Würmchen und kleine Wasser= thierchen, schmausen sie und werden davon bald größer und stärker. Merken sie einen größeren Fisch in der Nähe oder einen Menschen, einen Fischotter oder einen Vogel, der ihnen Gefahr bringen könnte, so verstecken sie sich zwischen das Gestein oder unter das hohle Ufer und warten, bis Alles wieder sicher ist.

Sowie sie kräftiger werden, tummeln sie sich auch kecker und dreister im plätschernden Bache. Ihre Sprünge werden höher und kühner. Sie schnellen sich sogar ein tüchtiges Stück über das Wasser empor, um die Mücken und Fliegen zu fangen, welche über dem Bache tanzen. Sind sie älter und größer geworden, so ziehen sie aus den flachen, kleinen Wässerchen hinab nach den tieferen Stellen. Dabei ändert sich auch ihre Farbe, je nach dem Orte, an welchem sie wohnen, und je nach der Speise, welche sie genießen.

Die Forellen in den düsterbeschatteten Waldbächen sind dunkel gefärbt, fast schwarz, selten gefleckt. Nur am Bauche haben sie mitunter einige braune Flecken. Winden sich die Bäche durch offene, sonnige Wiesen, so wird auch die Färbung der Forellen heller und lebhafter. Ihr Rücken ist dann braun gewölkt, ihr Bauch weißlich oder gelblich. Oft sind sie mit hellrothen Punkten und Flecken besetzt und sehen dann allerliebst bunt aus. Unter hundert Forellen finden sich kaum zwei, die ganz gleiche Farbe zeigen, jede ist etwas anders. Thut der Fischer die verschiedenfarbigen Forellen in den Fischkasten und füttert sie dort eine Zeit lang, so werden sie sammt und sonders schwärzlich. Die Forellen, welche man gewöhnlich während des Sommers im Bache antrifft, sind 5 bis 9 Zoll lang und haben ¼ bis ½ Pfund im Gewicht.

Die alten Fische halten sich mehr einzeln, suchen sich schattige Verstecke unter überhängenden Uferrändern oder in hohlen Steinen. Dort lauern sie still auf Beute. Kommt ein Käferchen, eine Mücke oder Fliege, die ins Wasser gefallen sind, daher geschwommen, so schießt die Forelle hervor und schnappt sie hinweg. Auch Ellritzen und ähnliche kleine Fischchen sind vor dem gefräßigen Burschen nicht sicher. Kommen dergleichen einem solchen Nimmersatt zu nahe, so werden sie von ihm verschluckt. Die Forelle hat 3 Reihen scharfer Zähne und kann kleinere Fische mitten entzwei beißen, wenn sie ihr zu einem Bissen zu groß sind.

Die kleinen Forellen gehen gemeinschaftlich zu 5 bis 10 auf ihr Jagdvergnügen. Kommt ein leckerer Bissen geschwommen, so schnappt diejenige zu, welche ihn am ehesten sieht. Wer nicht aufpaßt, muß hungern. Schießt die erste Forelle fehl, so erwischt der nächste Kamerad die Beute, wenn er geschickt und flink genug ist.

Ganz besonders gute Beute machen die kleinen Wasserjäger bei einem Gewitterregen. Der Wind, die fallenden Tropfen und die übertretenden Wasser schaffen von allen Seiten Käferchen, Fliegen, Heuschrecken und andre Insekten herbei, die von den Büschen und Kräutern abgeschüttelt und von den Ufern fortgerissen werden. Das rasch stürzende Wasser reißt die Verunglückten weiter.

Wo das Bett des Baches sich etwas erweitert, bilden sich Wirbel. Am äußern Bogen des Wirbels treiben Insekten, Holzspänchen und fortgeschwemmte Blättchen umher und hier lauern deshalb auch die Forellen dann am liebsten und haben Festtag. Die Stelle, welche eine Forellenschaar sich zum Lieblings= plätzchen ausgewählt hat, behält sie den ganzen Sommer hindurch. Hier kennen die Thiere jeden Stein und jedes Schlupfloch und wissen sich schnell zu flüchten, wenn sie Gefahr fürchten.

Während der Nacht suchen die Fischchen die Mitte des Baches. Hier stehen sie still und bewegen nur ein wenig die Schwanzflosse, um den Platz zu behalten. Nur bei stärkerm Geräusch fliehen sie. Sind sie während des Som= mers gehörig groß und stark geworden, so ziehen sie Ende Oktober wieder nach den seichtern Stellen der Bäche in die obern Bergthäler hinauf und setzen den Laich zwischen dem Gestein ab. Während des Winters bergen sie sich im tie= feren Wasser nahe am Ufer. Sie schlafen dann wahrscheinlich, fressen nichts und bewegen sich fast gar nicht.

Für die Gebirgsbewohner ist die Forelle eine Delikatesse; sie versuchen deshalb hunderterlei Künste, um die flinken Fischchen zu fangen. Geschickte Knaben legen sich flach an das Ufer, streifen die Aermel auf und untersuchen die Höhlungen. Sie greifen die Fische dort mit den Händen. Dabei müssen sie frei= lich fest zufassen und die Ge= fangenen wo möglich gegen einen Stein oder gegen die Uferwand

Bachforelle.

drücken, denn die Thiere sind sehr glatt und schlüpfrig und gleiten ihnen leicht aus der Hand. Auch dürfen sich's die Burschen nicht verdrießen lassen, wenn gelegentlich ein Krebs ihnen den Finger mit seinen Zangen faßt.

Manche Andere gehen bei Nacht auf den Forellenfang aus, wenn die Fische still stehen und schlafen. Der Eine leuchtet und der Andere spießt die Thiere mit einer mehrzinkigen Gabel an, deren Zähne mit Widerhaken ver= sehen sind.

Bequemer ist es, die Forellen zu angeln. Hierbei verbirgt sich der Fischer wo möglich hinter Gebüsch oder bleibt vom Wasser so weit als möglich entfernt, damit die Fische ihn nicht sehen und fliehen. An den Angelhaken steckt er im Frühling am liebsten eine große Wiesenschnake, im Sommer einen Brachkäfer oder eine kleine Heuschrecke. Er läßt die angespießten Thiere auf dem Wasser treiben, als ob sie schwömmen. Sind Forellen in der Nähe, so werden sie gewöhnlich auch bald anbeißen. Selbst wenn die Forelle den Köder abfressen oder sich vom Haken losreißen sollte, kann der Fischer einen neuen Käfer oder Regenwurm anhängen und wird wahrscheinlich denselben Fisch zum zweiten Male anbeißen sehen.

Nach Regenwetter sucht der Fischer die Wasserwirbel an den breiteren Stellen des Baches auf und wirft seinen Angelhaken mit einem Regenwurm in die äußersten Kreise desselben. Einen Schwimmkork darf er dagegen nicht anwenden, denn die Fischchen scheuen davor. Für die großen Forellen benutzt er auch wol lebendige Ellritzen zum Köder.

Mitunter wendet der Fischer auch Sacknetze zum Forellenfang an, spannt diese mit einer Astgabel quer über die ganze Breite des Baches und sein Kamerad scheucht von oben her die Forellen durch Lärmen und Plätschern dem Netze zu.

Hast du, mein junger Reisegenoß, heute einen tüchtigen Marsch über die Berge glücklich vollführt, kehrst du ein im Wirthshaus bei der freundlichen Wirthin, vom Steigen und der frischen Luft müde und hungrig, so wirst du Fische, Fischer und Wirthin hochpreisen, wenn ein leckeres Forellengericht neben rothem Wein deiner harrt und dich erquickt.

Brücke über den Rofen-Bach.

26.

Der Rofener Hof.

(Eine Morgennebelpromenade und ein Zufluchtshaus.)

Um drei Uhr früh stehen wir auf und rüsten zum Abmarsch. Der Führer hat die frühe Stunde bestimmt, damit wir über den Gletscher gelangen, bevor die Sonne zu stark auf den Firn wirkt, ihn erweicht und wässerig macht. Es sieht sehr unbehaglich draußen aus. Dichter Nebel liegt im Thale, die Luft ist kalt und feucht. Wir genießen unsern Morgentrank und versehen uns mit Mund= vorräthen für den Tagemarsch. Der Führer erscheint — mit einem Regen= schirme bewaffnet! — Ein schlimmes Anzeichen!

„Was für Wetter wird aus dem Nebel?" fragen wir ihn, denn wir meinen: ein Bewohner des Gebirgsthales müsse auch ein untrüglicher Prophet in Bezug auf das Gebirgswetter sein. — „Weiß nit!" ist seine Antwort. Dasselbe antwortet er auf alle weitern Erkundigungen, die wir hierüber noch einzuziehen versuchen.

Um 4 Uhr brechen wir auf und wandern im Gänsemarsch den schmalen Fußsteig entlang, der nach Rofen führt. Wenig Schritte hinter uns verschwinden bereits die fünf Häuser von Fend mit der Kapelle im Nebel, vor uns erkennen wir keinen andern Gegenstand, als die hohe, breitschulterige Gestalt unseres Führers. Rechts steigt der Berg auf, ob schroff oder nicht, wer kann es sehen? Links geht's sehr steil und abschüssig hinunter. Es braust von dort unten herauf; sicherlich ist dort das Bett des Rofener Baches.

Der Nebel wird noch dichter, die Luft noch feuchter. Es bilden sich Wassertröpfchen, dann Tropfen, erst fallen einzelne, dann mehrere. Nach einer Viertelstunde regnet es vollständig. Die Morgenpromenade fängt an unangenehm zu werden. An unsern Ueberziehern tröpfelt es lebhaft herab. Sie nehmen auffallend an Gewicht zu. Von dem Hutrande ergießt sich jedesmal ein kleiner Sturzbach, sobald wir den Kopf neigen. Der Pfad führt an einem Wasserfall vorbei, der von der Bergwand herabstürzt — diese Naturschönheit hat jetzt gar keinen Reiz für uns, — wir haben schon viel mehr Wasser, als uns lieb ist. Der schlüpfrige Weg läßt nur ein langsames Marschiren bergauf zu. Endlich, nach einer sehr langen Stunde, verkündigt unser Leiter die zwei Rofener Höfe. Wir befinden uns hier 6,465 Fuß über dem Spiegel des Meeres, also noch ein gut Stück höher als die Schneekoppe des Riesengebirges, ziemlich doppelt so hoch wie der Brocken, an einer der höchstgelegenen Wohnungen von ganz Europa, der höchsten des österreichischen Kaiserstaates. Wir geben zu, daß dies Alles höchst interessant ist, allein für jetzt haben wir nur den einen lebhaften Wunsch: aus dem Regen ins Trockne zu kommen!

In eins der Häuser treten wir ein, hängen die träufelnden Oberkleider in der Stube neben dem Ofen auf und bestreben uns: zum bösen Spiele gute Miene zu machen.

Es ist noch sehr düster im Zimmer. Die Holzbekleidung der Wände ist von Rauch und Alter geschwärzt. Die Fenster sind klein und draußen liegen die Regenwolken davor. Sechszehn Männer sind außer uns noch im Zimmer, — es sind lauter Brüder: die gesammte männliche Bewohnerschaft Rofens. Neue Erkundigungen, die wir des Wetters wegen anstellen, liefern das vorige Ergebniß: „Weiß nit!“ ist das Schlußwort. Wir versuchen uns hier einzurichten, so gut als es gehen will, denn es gelüstet uns nicht, im Regen nach dem Gletscher zu wandern.

Wir sehen uns um. In der Hausflur stehen eine Anzahl Bergstöcke mit Eisenspitzen. Daneben liegen zusammengerollte lange Leinen, aus zähen Riemen geflochten. Die 16 Brüder sind sämmtlich erfahrene Führer über die Gletscher. Wenn es nöthig ist, nehmen sie jene Leinen mit, um zu Mehreren an denselben anzufassen und eine Reihe zu bilden. Bricht dann ja einmal Einer in eine überschneiete Gletscherspalte, so halten ihn doch die Andern und bewahren ihn vor einem Sturz in die Tiefe. Auch ein Stuhl mit Tragstangen daran steht hier. Mit seiner Hülfe können Ermattete weiter gebracht werden. Hacken und Schaufeln lehnen dabei. Die Leute sind gegenwärtig mit Anlegung eines Saumpfades an der östlichen Thalwand beschäftigt. Bisher ist noch kein Pferd oder Maulthier ins Rofener Thal eingewandert.

In der Küche wirthschaften Frauen bei dem knisternden Holzfeuer am großen Herde. Holz wächst hier in der Umgebung nicht, ebensowenig giebt es Torf, Braunkohle oder Steinkohle. Das Holz zum Brennen muß ein paar Stunden weit aus dem Fender Thale heraufgeschafft werden, in dem noch einige Wäldchen sind. Hier wachsen weder Getreide, noch Kartoffeln, noch sonst eine Feldfrucht. Es ist kein Ackerland vorhanden, auf dem Etwas gebaut würde, der kurze, rauhe Sommer würde nichts reifen. Mehl und alle sonstigen Speisevorräthe müssen ebenfalls auf dem Rücken stundenweit herbeigeschafft werden. Einen großen Theil der Nahrung muß die Herde liefern. Der Speisezettel der Köchin fällt hier ganz anders aus als bei uns daheim.

Nach dieser Rundschau kehren wir wieder ins Zimmer zurück. Es regnet draußen noch immer! Eine gezähmte Kohlmeise vergnügt uns. Sie fliegt zutraulich vom Fenster her auf den Tisch. Einer der Männer sucht aus dem Tischkasten Zirbelnüsse und läßt sie sich von dem Vögelchen aus der Hand nehmen. Nach beendigter Vorstellung des thyroler Thierbändigers regnet es immer noch! Wir rufen jetzt unsre Erinnerungen aus der Geschichte zu Hülfe, um das nasse Halbdunkel uns etwas angenehm zu machen.

Vor 400 Jahren (1414), als es drei Päpste mit einem Male gab und deren Streitigkeiten, sowie viele andere Verwirrungen im Lande, durch die Kirchenversammlung zu Kostnitz geschlichtet und geordnet werden sollten, damals gehörte Oesterreich dem Herzog Friedrich, genannt „mit der leeren Tasche". Dieser nahm einen jener Päpste, Johann XXIII., in Schutz und da Letzterer von der Kirchenversammlung in den Bann gethan ward, so gerieth sein Beschützer Friedrich auch in den Bann und war seines Lebens nirgends mehr sicher und seiner Länder verlustig. Der geächtete Herzog floh ins Gebirge und hielt sich versteckt in dem Rofener Hofe. Es war damals nur ein einziges Haus hier vorhanden.

In dieser Stube, in welche uns der Regen getrieben hatte, saß damals der Herzog und war noch viel schlimmer daran als wir. Der Besitzer des Hofes verpflegte ihn trotz Kirchenbann und Reichsacht und trotz der „leeren Tasche". Später gestalteten sich die Verhältnisse des Herzogs günstiger. Der Papst dankte ab und Friedrich ward von dem Banne befreit. Er erhielt seine Länder zurück und vergaß nachmals im Glück auch seines Beschützers in Rosen nicht. Er befreite den Hof von allen Steuern und Abgaben, verlieh ihm besondere Begünstigungen in Bezug auf die Gerichtsverhältnisse, gab ihm alle Rechte eines Burgfriedens und dazu noch das Asylrecht. Wenn sich ein Verfolgter hierher flüchtete, so durfte er selbst von den obrigkeitlichen Personen des Landes nicht gefangen weggeführt werden. Er war geborgen, so lange ihn der Besitzer des Hofes beherbergte. Unter Joseph II. wurde zwar dieses Asylrecht aufgehoben, allein die Steuerfreiheit von Grund und Boden verblieb den Rosenern. Ihr Unterhalt beruht auf den Alpenwiesen ihrer Umgebung, auf denen sie ihr Vieh weiden und das Heu für selbiges machen — vorausgesetzt, daß es nicht so regnet, wie eben jetzt!

Jetzt greifen wir zu einem andern Hülfsmittel, um die Wasserfälle draußen zu vergessen. Auf einem Stück Papier zeichnen wir uns ein Schachbret und spielen erst „Wolf und Schafe", dann „Dame" miteinander. Geldstücke müssen die Stelle der Damensteine versehen. Wir sind eben im Begriff, auf einem neuen Papier ein Belagerungsspiel zu entwerfen, — da meldet unser riesiger Joseph, daß das Wetter besser würde und die Nebel im Thale hinauf nach dem Joche zu zögen. In wenig Augenblicken sind wir reisefertig und verlassen unser Asyl und Gefängniß.

Der Rosenbach wird überschritten. Die Brücke besteht aber nur noch aus ein paar Längsbalken, glücklicherweise ist das Geländer noch vollständig. Auf dem Mittelbalken, der noch vom Regen träuft, balanciren wir über die tiefe Kluft, in der unten der Rosenbach brausend hindurchjagt, und danken Gott, daß wir wieder festen Grund unter den Beinen haben. (Siehe Bild Seite 88.)

Noch ziehen die Nebelwolken an den Bergen hin, aber der Regen hat doch aufgehört. Wie sie sich von dem Wildspitz, dem Platteikogel und dem Rosenberg zurückziehen, sehen wir, daß es droben geschneit hat, während es bei uns regnete. Ein breiter Streifen frischgefallener Schnee deckt die Kämme und unterscheidet sich deutlich von den alten Schneelagern dahinter.

Der Führer prophezeit jetzt gutes Wetter, also „Glück auf!"

27.

Die Kinder im Hochgebirge.

———

Hermann an seinen Bruder Karl.

Lieber Karl!

Du wirst gewiß auch gern wissen wollen, was die Kinder treiben, die hier im Gebirge wohnen: ob sie auch täglich 6 oder 7 Stunden lang in der Schule sitzen müssen, lateinische und französische Arbeiten machen und Regula de tri oder Bruchrechnung haben u. s. w.

In den Städten und großen Dörfern ist es so ziemlich wie bei uns. Dort haben die Kinder auch verschiedene Schulen, spielen Ball, Haschens, Anschlagen, mit Kugeln und Kreiseln. In denjenigen Thälern aber, in welchen nur einzelne Häuser weit von einander entfernt liegen, führen die Kinder ein ganz anderes Leben. Im Frühjahr, d. h. wenn der Schnee weggeht, fangen bei ihnen die Ferien an und dauern bis zum Herbst, bis wieder Schnee fällt, den ganzen Sommer hindurch. Das ist eine Pracht und wäre Etwas für Albert, wenn er hier wohnte. Da die Häuser aber einzeln liegen und in manchen nur ein Kind ist, können sie nicht Räuber und Gensdarmen spielen, sondern müssen sich oft ganz allein ihren Spaß machen. Ich habe gesehen, daß ein Junge sich eine Mühle geschnitzt hatte, ein Rad aus Holzspänen, die in einer Welle staken. Dies hatte er an einem Bergwässerchen aufgestellt. Es drehte sich ganz lustig. Sind mehrere Knaben beisammen, so spielen sie „Geishumpen"; sie stecken Ruthen in bestimmten Entfernungen von einander auf und springen darüber. Dann üben sie sich auch im Ringen und machen es dabei den erwachsenen Burschen nach. Du weißt ja, daß die Alpen= bewohner besondere Feste haben, bei denen sie auf der Alm zusammenkommen. Dabei wird nach der Fiedel und dem Hackebret getanzt und die Männer ringen mit einander. Dies lernen sie schon als Knaben und haben ihre Regeln dabei, wie Einer den Andern anfassen muß.

In den Dörfern, in welchen die Leute Spielwaaren schnitzen, müssen die Kinder gehörig mit helfen: Knaben und Mädchen. In andern Thälern müs= sen sie das Vieh auf den Bergen mit hüten, besonders die Ziegen und Schafe. Da heißt es tüchtig klettern und gehörig aufpassen. Gebratenes und Gebackenes giebt's dabei nicht viel, oft weiter nichts als grobes, hartes Brob und magern Käse, den man Zieger nennt. Er wird noch aus dem zurückbleibenden Molken gemacht, wenn der gute Käse schon gefertigt ist. Im Winterstall trafen wir einen Jungen bei einer Ziegenherde, der eine ganz hübsche Zieh=Harmonika hatte und seinen Ziegen lustige Stückchen vorspielte. Wir wollten mit ihm spre= chen, er verstand uns aber nicht.

Beim Heumachen müssen die Kinder auch gehörig mit zugreifen.

Im Winter haben sie Schule. Sie müssen dann mitunter eine Stunde weit durch den Schnee bis zur Schule waten und haben dabei Fußwege, auf denen manches Stadtkind sich im Sommer fürchten würde. In einem Dertchen fanden wir eine alte Frau, welche im Winter den Schulmeister macht. Ob sie dann auch den Stock gebraucht oder nur eine Besenruthe, weiß ich nicht. An manchen andern Orten besorgt es der Geistliche, der Herr Kaplan. Manche Knaben müssen auch beim Gottesdienst mit helfen.

Die Kinder lernen in der Schule Religion, Lesen und Schreiben, wahr= scheinlich auch etwas Rechnen. Ob sie sonst noch etwas Anderes treiben, weiß ich nicht. Eine Frau Wirthin fragte uns: „ob Norwegen in Leipzig läge?" und ein Maulthiertreiber wollte vom Vater gern ein Kraut kennen lernen, wel= ches Eisen in Stahl verwandele und es scharf mache. Diese Beiden hatten in der Schule wahrscheinlich nicht viel Geographie und Naturgeschichte gehabt. Ich glaube aber, daß es bei uns daheim auch noch Einige giebt, die's nicht besser gelernt haben, und in den Alpen werden die meisten Leute ja wol auch besser unterrichtet sein; vielleicht haben wir sie nicht immer richtig verstanden. Die Leute sprechen zwar hier auch Deutsch, es klingt aber ganz anders, als wir es sprechen. Viele Dinge nennen sie auch mit ganz andern Namen.

Während der Sommerferien möchte ich wol auf den Bergen wohnen, besonders wenn schönes Wetter ist, aber im Winter mag es acht oder neun Monate hindurch hier sehr langweilig sein. Es ist auch im Sommer nicht immer schön, wenn so ein Junge ganz allein an den Bergen herumklettern muß, immer in Furcht vor den Steinfällen, Lawinen, Wildwassern und Raubvögeln. Die Kinder müssen hier lernen sich selber durchzuhelfen. Wer es nicht lernt, kommt um!

Wir haben mehrere Gedenktafeln am Wege getroffen, auf denen angemalt und angeschrieben stand, daß Kinder im Bache oder an Felsen, beim Heuholen oder Holzmachen verunglückt waren. Die Kinder im Gebirg haben wol manches Hübsche, aber auch vieles sehr Ueble. Die Wege und Stege über die Berge kennen sie aber hier alle sehr genau, viel besser als

Dein Bruder
Hermann.

Kinder im Winter auf dem Schulwege.

28.

Ein Felsenthal.

Der Pfad an der rechten Seite des Rosenbaches hinauf ist gut gebahnt. Die Arbeiter sind noch damit beschäftigt, ihn zu einem Saumpfade zu erweitern, auf dem künftig der Wanderer hoch zu Maulthier die Bergwanderung ausführen kann. Der früher gebräuchliche Fußweg geht auf dem linken Ufer entlang nach der Eishütte, einer Schäferhütte nicht weit vom untern Ende des Hochvernagt=gletschers. Der neue Weg wird freilich einer fortwährenden sorgsamen Pflege bedürfen, denn schon jetzt finden wir das mürbe, lose Gestein nicht weit hinter den Stellen wieder nachgestürzt, die von den Arbeitern erst seit Kurzem vollendet wurden.

Je weiter wir im Thale hinaufkommen, desto enger wird dieses, wolfs=schluchtähnlicher. Eine Thalsohle, eine breite Fläche im Grunde, ist hier nicht vorhanden. An der tiefsten Stelle, an welcher sonst bei vielen andern Thälern freundliche Wiesenstrecken sich ausdehnen, ist hier eine schmale, tiefe Kluft mit senkrecht abfallenden Wänden, zwischen denen sich der wilde Rosenbach lär=mend und schäumend hindurchdrängt.

Die Seiten der Berge fallen steil und rauh ab, an mehreren Stellen sind sie von Querschluchten durchschnitten, in denen Zungen höherer Gletscher bis zum Bache hinabreichen. Die Bergseiten und selbst die Gletscherzungen sind mit Schutt und Steingeröll dicht bedeckt, so daß wir auf dem Gletscher nur an einzelnen Stellen das blanke Eis sehen.

Das Gestein flimmert im Licht. Es ist graubräunlicher Glimmerschiefer, hier und da übergehend in Gneißfelsen. Die losgelösten Blöcke liegen in sehr verschiedenen Größen am Abhange hinab, meist sind sie aber nur klein: kopf=groß bis faustgroß; sehr viele sind zu Grus und Staub zerfallen, den Regen, Schnee und Nebel zu braunem Schlamm angemengt haben. Auch die Seiten der größern Felsen, an denen wir vorübergekommen, sind stellenweise ganz mürbe und zu thoniger Erdmasse aufgelöst. In den kleinen Wasseradern am Wege haben sich die freien Glimmerblättchen zu feinem Sand abgesetzt, der wie lauter Silberflittern funkelt und glänzt. Es ist derselbe schöne Sand, den man hie und da zum Streusand verwendet.

Hier in dem wilden Thale des Hochgebirges gewahren wir keine Wohnungen, keine Felder gebaut von Menschenhand, — wir sind wahrscheinlich jetzt die einzigen menschlichen Wesen auf stundenweite Entfernung; hier rauscht kein Baumgipfel im Winde, nur das Wasser drunten und an den Seiten braust einförmig. Hier merken wir kein Thierleben — nur das todte Gestein hat hier sein Reich. Es wird uns einsam und schaurig zu Muthe.

Und doch ist selbst das Gestein nicht todt. Alles, was vorhanden ist, lebt! Auch in den Felsen schlummern und wirken Kräfte!

Das Märchen erzählt von Zwergen und Kobolden, von kleinen Geisterchen, die im Gestein der Berge ihr Wesen treiben. Das Märchen enthält Wahrheit, wenn es die vielerlei Kräfte, die im Gestein thätig sind, unter dem Bilde jener Wesen auffaßt.

Nur ist das Leben des Gesteins ein völlig anderes, als das Leben der Pflanzen, Thiere und Menschen.

Ein Infusionsthierchen entsteht und vergeht binnen wenig Stunden. Während eines Tages hat es sich schon durch mehrere Geschlechtsfolgen hindurch weiter verwandelt. Ein Kraut, eine Fliege, ein Schmetterling beginnen mit dem Frühling ihr Dasein und schließen es nach einigen Wochen, Samenkörner und Eier oder Puppen für die folgenden Jahrgänge zurücklassend. Eichbaum und Tanne sehen Menschengeschlechter an sich vorüberziehen, sehen sie heranwachsen und wieder sterben, ehe sie ihr Leben vom Keimen bis zum Sturz durch Altersschwäche beschließen. — Zählt das Leben der kleinsten Thiere nach Minuten und Stunden, das der Kräuter und Insekten nach Wochen, jenes der Menschen nach Jahren, so zählt das Leben der Berge und Gesteine nach Jahrhunderten und Jahrtausenden. Jahrtausende hindurch mögen manche Kräfte im Stein schlummern, wie das Leben im Pflanzenkorn und im Schmetterlingsei während des Winters schläft, dann aber nahet dem Gestein auch ein Erwachen. Licht, Luft, Wärme, Wasser und Nachbargestein wirken auf den Felsen — er verändert sich — zeigt Lebensregungen nach seiner Art.

Nur eine verhältnißmäßig kurze Zeit ist es erst her, daß die Menschen angefangen haben, auf das Leben des Gesteins zu achten. Es ist deshalb nicht zu verwundern, daß die Forscher trotz ihres unermüdlichen Eifers und ihres emsigstens Strebens viele Räthsel des Gebirges noch nicht löſten, daß sie noch gezwungen sind, durch erdachte Erklärungsweisen sich zu helfen, wo sie nicht die unmittelbare Beobachtung zu Rathe ziehen konnten. Wer sah zu, als sich die Alpengebirge erhoben? Wer gab Kunde davon, wie das Land hier beschaffen

war, ehe sich jene Riesendome aufbauten? Wer kennt ihr Alter, wer ihre Er=
lebnisse, seit sie hier thronen?

Siehe dir das Gestein genau an! Den glänzenden Glimmer findest du
in dünnen Blattlagen dicht über einander gelegt und mit einander verbunden.
Zwischenein bemerkst du winzige Körnchen von Quarz (Kiesel). An manchen
Stücken scheint der Quarz gänzlich zu fehlen, nur Glimmerblättchen sind sicht=
bar. Es kommen aber auch Stücke vor, in denen der Quarz sich zu ansehnlich
großen Knollen gesammelt hat.

In den Gneißlagen zwischen den Glimmerschieferfelsen sind ganz dieselben
Bestandtheile in ähnlicher Weise schieferig an einander gefügt, nur tritt hier
zum Quarz auch noch röthlicher Feldspath. Würden dieselben drei Mineralien:
Glimmer, Quarz und Feldspath, ziemlich gleichförmig vereinigt sein und das
blättrige Gefüge deshalb mehr körnig erscheinen, so würde das Gestein als
Granit bezeichnet werden. Es läßt sich eine Stufenleiter aufstellen, die alle
Uebergänge vom Granit zum Gneiß und von diesem zum Glimmerschiefer nach=
weist. Granit fehlt in diesem Theile des Alpengebirges, nur Gneiß und Glim=
merschiefer sind vorhanden. Sie sind es, welche selbst die Bergesspitzen bis zu
11,000 Fuß Höhe aufbauen.

Ueber die Entstehungsweise dieser Gebirge haben die Forscher zweierlei
verschiedene Erklärungsweisen versucht, die ich in Kürze dir mittheile.

Die Einen meinen: Granite, Gneiße und Glimmerschiefer ruhten einst
in der Vorzeit tief im Innern der Erde. Dort wurden sie von unterirdischen
Gluten geschmolzen und als feuerflüssiger Brei quollen sie aus Spalten der
Erde hervor. Bei ihrem Erkalten zerrissen sie in vielfach verzweigte Thäler und
erstarrten. Die Granite nahmen körniges Gefüge an, Gneiße und Glimmer=
schiefer blättriges.

Andere Forscher versuchen eine andere Erklärungsweise: Jene drei Ge=
steine — so sagen sie — waren ehedem auf dem Grunde des Meeres, das hier
flutete, in wagerechten Lagen aus dem Wasser abgesetzt. Ihre Bestandtheile:
feiner Kieselsand, Thonschlamm u. s. w., erhärteten zu festen Massen und be=
gannen allmälig krystallähnliche und blättrige Formen anzunehmen. Hierzu be=
durfte aber jedes kleine Körnchen ein wenig mehr Raum. Die Gesteinschichten
von mehreren hundert Meilen Länge und Breite fingen an, beim Krystallisiren
sich zu strecken und zu dehnen. Wie feuchtes Holz sich wirft und aufquillt, so
warfen auch beim Aufquellen die Gesteinschichten hohe Falten. Diese zerrissen
schließlich und erhielten nicht selten wiederum Querfalten. Je älter die Gesteine

wurden, je längere Zeit Regen- und Quellwasser durch sie hindurchdrangen, desto mehr veränderten sie sich auch. Die Glimmerkörnchen des Granits gruppirten sich allgemach zu Blättchen und bildeten so aus dem Granit Gneiß. Der Feldspath des Gneißes löste sich auf und ward durch das Wasser hinweggeführt, — aus dem Gneiß ward dadurch Glimmerschiefer. Dieser verwittert auch und schließlich zerfallen alle Gesteine an ihrer Oberfläche weiter zu Grus und Staub und zu Erde, welche den Gräsern und Blumen im Thale, weiterhin den Wäldern und Fruchtfeldern nahrungsreichen Boden liefert.

Andere Kräfte sind es, welche die Berge emporthürmten; andere, welche sie zusammenhalten; wieder andere, die an ihrer Zertrümmerung arbeiten, aber Alles ist voll Leben. Du siehst den gewaltigen Felsblock, der dort oberhalb, gerade über unserm Wege, drohend hängt. Ringsum liegt zertrümmertes Gestein, das früher auch solche Blöcke bildete. Dieselben Mächte: Frost und Wärme, Sturm und Regen, welche jene zerstörten, haben auch an ihm gearbeitet. Wie wäre es, wenn er gerade jetzt, während wir hier vorbeigehen, seinen letzten Haltpunkt verlöre und, dem gewaltigen Zuge folgend, der in ihm liegt, nach der Tiefe donnerte! Nie würde man unsere Gebeine auffinden!

Es sind schon manche Felsen der Alpen gestürzt, ganze Bergseiten haben sich losgelöst, haben Wälder und Hütten, Vieh und Menschen unter ihrem Schutt begraben. Diese Gesteine sind Riesen, vor deren Besiegung der Mensch schwach zurückweicht. Wohl dem, welchem die Flucht möglich ist. Und doch wandern jährlich Hunderte neben den hängenden, drohenden Felsen ebenso vorbei wie wir selbst. Die alten Steinhäupter haben ja so manches Jahrtausend droben gehangen, vielleicht warten sie noch mit ihrer Thalfahrt, bis wir vorbei sind! Richtig, jetzt sind wir glücklich vorüber. Der Pfad steigt in gewundenen Linien aufwärts. Wir haben eine offenere Stelle erreicht und athmen freier.

Glimmerschieferstücke

7*

29.

Der Rofener Eissee.

An dem steilen Abhange der Zwerchwand halten wir Rast. Tief unter uns
braust der Rofenbach in der engen Schlucht, welche seine trüben, tosenden Fluten
in den Felsgrund nagten. Er entströmt dem Hochjochferner, dessen breites,
mächtiges Ende links das enge Thal schließt. Andre Zuflüsse erhält er von
den benachbarten Gletschern. Uns gegenüber erhebt sich links der kahle Fels
des Neußberges, über diesem ragt die Spitze des Weißkogel. Etwas zur
Rechten wird die Westseite des Thales durch den Rofenberg gebildet, hinter
diesem liegt der Hochvernagtferner mit seinem Gletscher.

Zwischen dem Neußberg und dem Rofenberg ist der Hochvernagtgletscher
eingebettet und streckt seine Eiszunge breit und mächtig ins Rofenthal herein.
(Siehe auf dem beigegebenen Tondruckbild „Die letzten Verzweigungen des
Oetzthales" Nr. 9). Wir befinden uns ihm gerade gegenüber und sehen deutlich die zahlreichen Spalten, welche sein Ende zerreißen. Zwischen diesem Ende
und dem Rofenbach ist eine Schutthalde, die ein Bild wüster Gesteinzertrüm-
merung bietet. Einige Schafe klettern dort über die Blöcke. Es sprießt vielleicht
dort hie und da ein spärliches Gräschen oder eine Gletscherweide (f. S. 103)
kriecht zwischen dem Geröll dicht am Boden; aus der Ferne aber sehen wir
nicht die geringste Spur von Grün, Alles erscheint als ein schmutziges Braun-
grau aus zerbrochenem Glimmerschiefer.

An den Seiten des Oetzthales lagern mehrere Gletscher, das Fendthal
hat links und rechts deren nicht weniger als 36. Im Rofenthale sind ebenfalls
eine ganze Anzahl vorhanden, — über einige Zungen des Kreuzferners stiegen
wir bereits. Der Hochjochferner erscheint uns viel mächtiger und doch erkundigen
sich die Bewohner des Fenderthales und des Oetzthales bis hinunter zum Inn
bei dem Wanderer nach keinem anderen Gletscher als nach dem Hochvernagtgletscher, — außerdem etwa noch nach dem Langenthaler bei Gurgel. Mit

Befriedigung sprachen die Leute in Fend davon: der Gletscher werde jetzt immer kleiner, — sie meinten den Hochvernagtgletscher. Ich will dir erzählen, was es damit für eine Bewandtniß hat.

Der Hochvernagtgletscher behält nicht immer dieselbe Größe. Die Bildung des Gletschereises hängt ab von der Menge des vorhandenen Firnschnees. Es fallen nicht jedes Jahr auf dieselben Hochflächen die gleichen Schneemengen und auch die Wärme des Sommers ist durchaus nicht immer die gleiche. Schneiet es mehrere Winter hindurch reichlich auf demselben Gebiete, sind einige Sommer hindurch ebendaselbst verhältnißmäßig kühl, so bleiben ganz erstaunlich große Schneemassen übrig. Wenn sich mehrere Jahre hindurch droben auf dem Firnfelde des Hochvernagtferners bedeutende Schneemassen aufgehäuft haben, so beginnt drunten die Eisbildung sich zu vermehren. Der Gletscher wird größer, breiter und dicker und schiebt sich weiter ins Thal hinab. Hier kann er nicht so rasch wegthauen, als neue Eismassen nachdrängen. Das Eis kommt anmarschirt wie eine Armee. So sind Nachrichten vorhanden, daß der Gletscher schon im Jahre 1599 bis zum Rofener Bache herangewachsen war, dann wieder sich zurückgezogen, 1678 und 1680 abermals gewachsen, 1771 desgleichen. Im Jahre 1841 war er so weit abgeschmolzen, daß sein Ende zwei Stunden Weges von dem Rofenbache entfernt war. Da begann im Jahre 1842 das Eis sich zu vermehren. Die Zunge des Hochvernagtgletschers rückte vor in einer Breite von 4000 Fuß, fast eine Viertelstunde Wegs. Dabei hatte es eine Dicke von 500 Fuß, d. h. noch um eine Kirchthurmhöhe mehr als die Höhe der großen Cheops-Pyramide. Das Vorrücken nahm zu bis zum Jahre 1845. Anfänglich betrug die Verlängerung während eines Tages nur etwa 6 Fuß, allmälig nahm die Schnelligkeit aber so zu, daß der Gletscher in einem Tage 37 Fuß weiter rückte, ja zuletzt schob er sich sogar in einer Stunde 6 Fuß weiter, so daß man die Bewegung des Eises am 1. Juni mit bloßem Auge bemerken konnte. Er erreichte die Zwerchwand, schob sich an dieser empor und zerbarst dabei in zahllose Stücke, die rückwärts wieder auf das nachfolgende Eis herabstürzten. Es war ein furchtbares Arbeiten in den Eismassen, ein ununterbrochenes Krachen und Knallen, als ob Kanonen gelöst würden. Die Schlucht des Rofenbaches ward versperrt, das Wasser stauete sich zu einem See auf, der fast 500 Fuß tief ward, also ziemlich so tief wie die Nordsee. Vierzehn Tage lang sammelte sich das Wasser an und erfüllte den ganzen hinteren Theil des Thales. Man schätzte die Wassermenge auf ungefähr 73 Millionen Kubikfuß. Das Wasser zernagte währenddem den zerklüfteten, mürben

Eiswall; endlich am 14. Juni 1845 brach es durch, sprengte die morsche Wand in Trümmer und stürzte mit entsetzlicher Gewalt in das Thal hinab. Eisblöcke und Gesteine wurden mit fortgerissen und der Wasserberg wälzte sich unter schrecklichem Donnern und Brausen das Rosenthal, Fendthal und Oetzthal hinunter. Was die Fluten erreichten, zerstörten sie. Brücken, Häuser und Bäume wurden hinweggerissen, Steine und Schuttgerölle überdeckten die tiefer gelegenen Wiesenflächen. Wir haben noch jetzt mehrfach bei unserer Wanderung die Spuren jenes Verwüstungsgräuels gesehen, so bei Winterstall, Sölden, Hube u. s. w. Die Bewohner der Thäler flüchteten nach den Bergen, doch ging manches Menschenleben verloren. Noch größer waren die Verluste an Vieh. Sogar der Inn wuchs von der Sturzflut an und stieg selbst noch bei Innsbruck um zwei Fuß. Er war bereits stark angeschwollen und durch diesen neuen Zuwachs überschwemmte er mehrere Straßen von Innsbruck.

Binnen einer Stunde entleerte sich der ganze Eissee und hinterließ auf dem weiten Wege, den sein Wasser genommen, Schutt und Trümmer. Welch' eine Menge Gestein mag eine solche 500 Fuß hohe Wasserwelle mit einem Male in den Thälern hinabwälzen!

Der Gletscher hatte aber seine Jahresarbeit noch nicht beendet, es war nur seine untere Spitze hinweggerissen, droben hatte sein Eis eine Dicke von tausend Fuß und drängte ununterbrochen nach. Das Thal ward abermals versperrt, der Bach wiederum aufgestaut und neue Ausbrüche des entstandenen Eissee's erfolgten am 31. Januar 1846, am 11. Februar, am 22. und 24. Mai, am 10. Oktober 1846, dann am 25. Mai und 13. Juni 1847.

Seit jener Zeit hat der Gletscher seine Arbeit wieder verändert. Das Abschmelzen beträgt mehr als sein Zuwachs. Er wird von Jahr zu Jahr kleiner und ist jetzt zur Freude aller Thalbewohner ein gutes Stück vom Bache entfernt.

Die Verwüstungen, welche jenes Durchbrechen des Rofener Eissees angerichtet hatten, waren so bedeutend, daß die Landesregierung kundige Männer hierher sendete, um an Ort und Stelle die Sache zu untersuchen und zu überlegen, ob nicht vielleicht Mittel sich anwenden ließen, durch welche ähnlichen Unglücksfällen vorgebeugt werden könne. Der einzige Rath, den sie zu geben wußten, war der, daß man über den Rofenbach sogenannte Gallerien bauen, d. h. ihn überwölben müsse, damit er auch dann noch ungehindert Abfluß finden könne, wenn der Gletscher sich über ihn wieder einmal hinwegschöbe. Gegen den Gletscher selbst sind Menschenkräfte zu schwach. Was sollten selbst Kanonen oder Pulversprengungen gegen eine Eismasse wirken, die in einer Drittel-

stunde Breite und bei 500 Fuß Dicke unaufhaltsam anrückt und Felsblöcke
wie Staubkörner zur Seite schiebt? Bei der bedeutenden Breite des Stückes,
das überbaut werden müßte, ist ein solcher Vorschlag aber nicht so leicht aus=
geführt. Es würde ganz bedeutende Geldmittel und zahlreiche Arbeitskräfte
erfordern, um einen derartigen Kanal herzustellen. Wir bemerken deshalb nicht,
daß damit begonnen worden wäre, und wenn nach einer Reihe von Jahren der
Gletscher wieder etwa wachsen sollte, wie es ganz wahrscheinlich ist, so wird
sich abermals ein neuer Eissee hier bilden und die Bewohner der Thäler von
Neuem bedrohen! Es bleibt den Leuten schließlich nichts weiter übrig, als auf
Rettung ihres Lebens und Gutes bedacht zu sein. In dem benachbarten Gur=
geler Thale bildet der Langenthaler Gletscher ebenfalls einen Eissee. Dieser
setzte bei seinem Entstehen im Jahre 1718 die Bewohner des Gurgeler Thales
so in Schrecken, daß sie hinauf wallfahrteten und droben am Gletscher Gottes=
dienst hielten, um von Gott Schutz bei der drohenden Gefahr zu erflehen. Der
Verlauf der Sache ward hier aber ein viel günstigerer als im Rofener Thale.
Das Eis war hier fester und widerstand dem Wasserdruck, bis sich ein Kanal
gebildet, durch den sich das überschüssige Wasser entleerte, ohne dem Thale ver=
derblich zu werden. Es fließt dort stets so viel Wasser ab, als zuströmt, und
wenn auch von den benachbarten Gletschern mitunter haushohe Eisblöcke sich
loslösen, in den See stürzen und dort umherschwimmen, so gewährt dies zwar
dem staunenden Wanderer einen Anblick, der ihn an die Polarsee erinnert,
der aber den Thalbewohnern jetzt keine Furcht mehr einflößt.

Krautartige Gletscherweide. (Natürl. Größe.)

Alpen-Drottelblume. (Natürl. Gr.)

30.

Das Gärtchen im Schnee.

Auf dem Kamme des Hochgebirgs wohnen gräuliche Unholde — erzählt das Märchen, furchtbare Riesen, die ein besonderes Vergnügen darin finden, Alles zu zerstören. Schaue dich um: hier drohen verwitterte Felsblöcke und neigen sich zum Niedersturze, dort lagern die Eismassen der Gletscher stundenweit, sie schleichen kriechend wie Dämonen in den Schluchten hinab und schieben Felsen vor sich her. Weiterhin breiten sich meilenlange Firnfelder, mit hohem Schnee überlagert. Der nächste Sturmwind wird ihn aufraffen, zu einem wilden Knäuel emporwirbeln und vielleicht gerade hier als Staublawine niederschleudern, wo wir jetzt stehen. Hier hat der Winter sein ewiges Reich! Wer wagt den Kampf mit zerschmetternden Felsenstürzen, mit Gletschereis, mit Schnee und Wirbelsturm, dem bittern Nachtfrost und dem unendlichen Winter?

Siehe, hier die Blümchen nehmen den Kampf mit allen jenen grimmen Unholden auf. Sie erscheinen uns wie liebe kleine Elfen. Sie schauen hervor wie liebliche Kinderköpfchen mit lächelnden Rosengesichtchen und neckischen Augen. Sie schmeicheln den finstern Unholden mit Sanftmuth und Freundlichkeit die Waffen aus den ungeschlachten Händen und gewinnen selbst ihren starren, wilden Gesichtern noch ein Lächeln ab.

Setze dich nieder zwischen den wunderniedlichen Alpenglöckchen, den purpur=

blauen Drottelblumen, und frage sie: wie sie es möglich machen, im Kampfe mit den Riesengeschlechtern ringsum Sieger zu bleiben. Du kannst von ihnen lernen!

Wer mag wissen, in welchem fernen Felsthale das Samenkorn reifte, auf dem das Blümchen erwuchs! Vielleicht raffte es einst vor Jahren dort ein Sturm auf, wickelte es ein in Berge von Schnee und trieb es hierher. „Das wilde Heer hält seinen Umzug!“ sagten die Thalbewohner, „die bösen Geister sind auf der wilden Jagd!“ Der Wind heulte in dem Geklüft, er schnaubte und wimmerte zwischen den Klippen, daß es wie Klagegestöhn, Weherufe und Todesseufzer klang. Da ward das winzig kleine Samenkorn mit entführt, dort in haushohen Schnee eingebettet, hier auf die Felsplatte geworfen. Der wüste Schneesturm that ihm kein Leid. Er trug's durch die Luft und brachte es zu einem neuen Wohnplatz.

Der Schnee schmolz, das Körnchen gelangte zur Erde, die rinnenden Tropfen tränkten es; es keimte und trieb seine Wurzeln hinein in den verwitterten Grund. Der Sommer währt sehr kurz hier oben neben den Gletschern. Nur wenige Wochen sind einzelne Stellen des Bodens schneefrei. Manchen Sommer bleibt solch' ein Alpenblümchen vielleicht gänzlich vom Schnee bedeckt und hat dann eine lange, lange Nacht. Es kann schlafen bis nächstes Jahr, ob etwa dann der warme Föhnwind die weiße Decke weiter abschmilzt und der freundliche Sonnenstrahl die kleine Keimknospe küßt.

Dann ist aber das Pflänzchen auch desto fleißiger. Noch ist der Schnee nicht gänzlich verschwunden, er umgiebt es wie eine krystallene Grotte, gebaut aus Silber und Diamanten, — da entfaltet es die kleinen runden Blätter, nicht viel größer als eine Linse. Und zwischen den Blattwinkeln legt es sofort neue Knospen für's nächste Jahr an: Blattknospen, und wenn das Wetter sehr günstig ist, Blütenknospen. Die Arbeit, welche die Blumen im Tieflande in einem einzigen Sommer vollenden können, muß sich das Alpglöckchen auf mehrere Jahre vertheilen. Es darf sich's nicht verdrießen lassen, wenn mitten im Wachsen über Nacht neuer Schnee fällt oder ein scharfer Frost „Halt!“ kommandirt, wie ein feindlicher Feldherr.

Beharrlich hält das Blümchen aber aus und endlich kommt ihm doch einmal die günstige Zeit: es blüht! Und welch' reizende Blume entfaltet es! Aus dem Kreise der zierlichen dunkelgrünen Blättchen am Boden streckt es fadendünn ein Stengelchen empor, nicht viel länger als ein Fingerglied. Nur ein paar kleine Blattschuppen sitzen daran, aber an seiner Spitze hängt ein Glöckchen bezaubernd schön! Aus dem winzigen fünftheiligen Kelche streckt sich die purpurblaue Röhre und zerspaltet sich in fünf zart geschnittene Theile. Es erscheint so fein und prächtig, als hätte ein Künstler sein Meisterstück daran zeigen wollen. Eben so schön schauen drinnen die fünf Staubgefäße heraus.

Ob das Blümchen auch diesmal bis zum Reifen des Samens verschont bleiben wird? Wer mag das wissen! Schon die nächste Nacht kann es wieder in hohem Schnee begraben. Das Kräutchen legt aber zugleich auch wieder neue Blattknospen und Blütenknospen drunten zwischen den Blättern an. Wird ihm die Blüte dieses Jahres zerstört, so gelingt es vielleicht im folgenden Sommer oder im dritten, bis zum Reifen der Samenkörnchen auszudauern. Und wenn es gelingt, dann können abermals Samenkörner des Alpglöckchens durch den Sturmwind sich nach andern Felsplatten des Gebirgs tragen lassen, die noch kahl liegen. Oder sie können auf dem zerrinnenden Schnee ein Stück weiter thalwärts wallfahrten und die Thälchen zwischen den Klippen schmücken helfen.

Klebriger Himmelsschlüssel. (Speik. N.Gr.)

Ganz in ähnlicher Weise, wie das Drottelblümchen verfährt, treiben es auch seine Genossen im Gärtchen zwischen dem Schnee. Sie bilden zahlreiche Knospen und Zweige dicht am Boden und verlassen sich nicht auf die Samenreife eines einzigen Sommers. So stellen sie alle dichte Polster dar, welche den Felsgrund überziehen. Die Blütenstielchen lassen sie meist kurz, dafür entfalten sie aber die Blumenkronen auch desto größer und leuchten in den herrlichsten Farben. So sind hier gleich neben uns Schnee-Enzian, Frühlings-Enzian und stengelloser Enzian, alle drei im wonnigsten Himmelblau. Alpen-Ehrenpreis und maßliebenblättriger Ehrenpreis stehen mit kleineren, ebenfalls blauen Blüten dazwischen. Große gelbe Blumen zeigt die Bergnelkenwurz und das großblumige Fingerkraut. Weiß blühen die Bärwurz, der Gletscher-Hahnenfuß, die kleinen Lärchennelken und Hornkräuter, das resedenblättrige Schaumkraut und der dunkelkelchige Doranth. Steinbrech-Arten sind hier in den verschiedensten Farben dicht neben einander: mit weißen Blumen ist ein dichter Rasen vom moosähnlichem Steinbrech hier zur Linken, rechts hast du den gelbblühenden immergrünen Steinbrech, dann auf dem kleinen Felsgesims hierbei einen wonnigen Teppich von rothblühendem Steinbrech mit ganz kleinen, zu zwei gegenüberstehenden Blättern. Eben so schön wie dieser prächtige Purpurrasen des Steinbrech leuchten auch große Strecken von den unzähligen Blumen der stengellosen Silene. Ueber das kleine Geröll schauen die Köpfchen des duftenden Speik, eines purpurfarbigen Primels, und neben ihnen hellblaue des feinblättrigen Rapunzels.

Wir pflücken uns ein reizendes Sträußchen, — siehe da, auch eine Weide, die sich zu den Blumen gesellt hat! Ihre Zweige nicht länger als ein Finger=glied, ihre Blättchen ähnlich den Preiselbeerblättern — so bildet sie auch, wie's bei den Hochalpenblumen Gebrauch ist, einen Rasen, etwa so groß wie ein halber Tisch, und schaut mit ihren Samenkätzchen zwischen den kleinen Blättern hervor, als sollten es Blumen aus Seide sein. Wir hätten es nimmer für eine Weide gehalten, wenn nicht eben jene Sa=menstände es deutlich zeigten (s. S. 103).

Auch ein paar Arten von Gräsern und et=was Moos fügen wir unserm Alpsträußchen bei.

Aber wenn wir wieder heim kommen, dann wollen wir in unserm Garten daheim auch einen kleinen Alpengarten uns anlegen an der schattigen Stelle, die nur in den frühe=sten Tagesstunden ein wenig Sonne erhält. Tuffsteine und andere Gesteine sollen uns helfen Felsen bauen. Die Blümchen setzen wir in kleinen Töpfchen dazwischen und halten

Halbkugelige Rapunzel. (Natürl. Gr.)

sie mit der Brause stets etwas feucht. Der Gärtner hat glücklicher Weise schon manches der reizenden Alpenblümchen aus dem Hochgebirge entführt und an das Leben im Tieflande gewöhnt. Er wird uns eine Anzahl davon ablassen. So pflanzen wir den stengellosen Enzian und das Drottelblümchen, dann das schöne Aurikel und das Alpengänsekraut, auch den einen oder anderen Stein=brech dazu. Als Gebüsch kommt dann eine Alpenrose oder eine Azalee, und sei es auch eine ausländische, da diese sich besser fortbringen lassen als unsere deutschen. Ebenso fügen wir freundliches Alpenvergißmeinnicht hinzu und groß=blumige Veilchen. Haben wir dann bei der Pflege dieses Alpengärtchens eben so viel Ausdauer wie die Blümchen, so werden sie uns zu einem lebendigen Ge=denkstrauß und rufen uns alle jene Herrlichkeiten ins Gedächtniß zurück, welche neben seinen Schrecken und Gefahren das Hochgebirge dem Wanderer zeigt.

31.

Schneevögel.

(Schneehühner und Schneefinken.)

Zwischen den ewigen Schneefeldern hoch droben auf dem Gebirg ist für ein Menschenkind keine bleibende Stätte. Es mag sich wol zur schönen, hellen Stunde bei warmem Sonnenschein freuen über die bunten, duftenden Blümchen, die hier zwischen den Felsen noch hervorsprießen; es mag staunen über die Eislagen der Gletscher und über die hohen Schneeberge, die gleich Domen aus Alabaster und Silber weit in den schwarzblauen Himmel hineinragen, — aber wohnen für immer kann es hier nicht!

Hier wächst keine Speise für den Menschen, hier gedeiht kein Baum, der Holz zur Feuerung lieferte! Die grausigen Schneestürme drohen den Tod; die zerrissenen Klüfte aus mürbem Gestein, die Felsstürze und Lawinen, der hohe Schnee und die Kälte treten dem Menschen als grausige Feinde entgegen, die ihm Verderben bringen.

Was dem Menschen als Ort des Schreckens erscheint, wird andern Ge= schöpfen zur lieben Heimat. Hier oben leben jahraus jahrein Schneehühner und Schneefinken. Trage sie hinab ins warme, fruchtbare Thal und gieb ihnen die Freiheit, — sie werden wieder hinauf flüchten zu Eis und Schnee und zu den wilden Klippen mit den spärlichen Pflänzchen!

Wie die Rebhühner auf den Feldern des Tieflandes, so treiben es die Schneehühner droben in den Regionen des ewigen Schnee's. Sie gleichen dem Rebhuhn an Größe, sind aber kräftiger gebaut als dieses. Ihre Füße sind bis zu den Nägeln der Zehen hinab dicht in weichen Federpelz eingehüllt. Im Winter sieht das Schneehuhn weiß aus, wie frischgefallener Schnee, nur der Schwanz ist schwarz und um die Augen zieht sich ein hochrother Wulst. Du mußt ein scharfes Auge haben, wenn du es sehen willst, so lange es still liegt. Unter überhängenden Steinen, im Dickicht des Krummholzes und im Alpenrosengestrüpp, verkriecht es sich und liegt bei schlimmem Wetter ganz still. Fällt der Schnee hoch, so schneit es mitunter ganz ein. Manches erliegt dann freilich dem Druck der eisigen Last. Ist das Wetter wieder ruhig, so scharrt es nach Beeren, die vom Sommer her übrig blieben, und speist Knospen dazu als Gemüse. Auch Puppen von Schmetterlingen und Fliegen, Eier von Spinnen und kleine Käfer, die sich im Moos versteckt haben, werden herausgescharrt und verzehrt. Sie bilden die Zukost, die freilich während des Winters oft knapp ist.

Räumt aber der warme Wind den Schnee weg, donnern die dicken Lagen als Lawinen zu Thale oder zerfließen zu Wasser, — so beginnt auch für das Volk der Schneehühner nach langem Fasten eine gute Zeit. Allenthalben sprießt junges Grün: Gräschen und Kräuter und die Blattknospen der niedern Gebüsche. Allenthalben regt sich's von kleinem Gethier: die Fliegen schlüpfen aus ihren Tonnen, die Spinnen laufen über das Moos, Käfer ziehen auf die Jagd und Schnecken kriechen aus ihren Verstecken in den Felsspalten hervor. Es ist dann reicher Tisch für die Hühner gedeckt.

Sowie die Farbe des Bodens sich ändert, wechselt auch das Gefieder der Schneehühner. Die weißen Federn fallen aus und braune, mit schwarzen und weißen Strichen wachsen nach. In kurzer Zeit gleicht des Schneehuhns Ansehen völlig einem graubraunen Stein. Liegt es still zwischen den Felsen, so ist es jetzt eben so schwierig zu entdecken wie im Winter mit seinem weißen Kleide.

Im sichern Versteck scharrt das alte Schneehuhn ein Grübchen in den Grund, füttert's ein wenig mit Moos und Halmen aus und legt seine Eier hinein. Es hat deren 7 bis 17 Stück von gelblich-weißer Farbe, mit schwarzbraunen Punkten betüpfelt. Die kleinen Küchlein haben beim Ausschlüpfen dichten Flaum, ähnlich wie die Küchlein der Haushühner. Sie folgen der Mutter auch ganz so wie die jungen Hühnchen der Glucke. Es droht ihnen manche Gefahr, selbst droben zwischen Schnee und Geklüft. Fuchs und Wiesel versteigen sich gelegentlich auch dort hinauf und noch schlimmer sind die Adler für sie. Vom ersten Tage an müssen sie deshalb darauf achten, ob irgendwo sich etwas Verdächtiges zeigt. Sie müssen lernen sich zwischen das Gestein und niedere Gestrüpp zu verkriechen, so daß der Feind sie nicht finden kann.

Wird das Schneehuhn mit seinen Jungen von einem Menschen überrascht, so lockt es die Kleinen unter die Flügel, läuft rasch nach dem Gebüsch und Geklüft und währenddem huscht ein Küchlein nach dem andern hervor und kriecht in ein passendes Schlupfloch, liegt mäuschenstill und rührt sich nicht. Erst wenn alle geborgen sind, schwirrt die alte Henne über die Schlucht davon und verschwindet drüben hinter den Klippen. Scheint nach einer Weile Alles ruhig und sicher, so fliegt die alte Henne wieder herzu und lockt mit leisem Rufe die verborgenen Kleinen. Sie kennen die Stimme der Mutter und eins nach dem andern huscht wieder herbei. Auch mitten zwischen Eis und Schnee wohnt Mutterliebe so gut wie drunten im heißen Tiefland.

Unermüdlich wandert die kleine Familie über die Gehänge und die kräuterreichen Felsgesimse. Hier wird eine Schmetterlingsraupe vom Blatte des Kreuzkrautes abgelesen, dort eine andere vom Veilchenstock. Dann wird ein Käfer verspeist, der eben an den Zweigen des Alpenröschens entlang spaziert, dann eine Schnecke, welche an saftigen Grasspitzchen naschte. Es ist fast, als seien die Schneehühner die Gärtnerburschen und hätten die Aufsicht zu führen über die Gärtchen im Schnee, damit der Insekten nicht zu viele würden und Blumen und Sträuchlein verderben.

Der Schneefink hilft den Schneehühnern bei ihrem Wächtergeschäft. Er hat sein Nest ebenfalls hoch droben in den Felsspalten des höchsten Gebietes. Dort baut er es künstlich aus Wollenflöckchen, welche die Schafe im Hochgebirge verloren, aus den Federn der Schneehühner und aus dürren Grasblättchen. Selbst das Haar, welches vom beladenen Saumthier verloren wurde, findet dabei noch seine Verwendung. Der Schneefink füttert seine Jungen fast nur mit kleinen Insekten, die er aufmerksam von den Kräutern der Alpenmatten zusammenliest. Er schnappt auch die Fliegen und Schmetterlinge hinweg, welche der Wind aus dem Thale gelegentlich mit hinaufbringt. Erst wenn die Finken groß geworden sind, lesen sie Samen und Körnchen zusammen und suchen danach auch im Winter.

Schneehühner und Schneefinken unterliegen freilich mitunter dem Frost und dem hohen Schnee, wenn diese zu lange anhalten und ihnen die Nahrung verdecken, aber doch bleibt stets noch eine hinreichende Anzahl übrig, um die Pflänzchen der Hochgebirge zu schützen und um die felsigen Einöden zu beleben.

Rast auf dem Gletscher.

32.

Eine Gletscherwanderung.

(Ueber das Hochjoch.)

Hermann an seinen Bruder Karl.

Lieber Karl!

Einen Weg wie gestern habe ich mein Lebtag nicht gemacht. Wir sind über den Hochjochferner gegangen, das ist ein Gletscher, der zwei Stunden lang und eine Stunde breit ist. Lauter Eis und Schnee und Wasser mitten im Sommer.

Früh um 4 Uhr waren wir von Fend fortgegangen und im Regen bis Rofen gewandert. Hier warteten wir bis 7 Uhr, da ward das Wetter besser und wir stiegen nun immer bergauf im Rofener Thale bis halb Elf. Jetzt kamen wir an den Hochjochferner. An dem untern Ende des Gletschers kann man nicht gut hinaufsteigen. Es liegen dort zu viele Steine umher, die der Gletscher hinabgeschoben hat. Dann ist auch das Eis sehr zerklüftet und steigt steil hoch an. Wir waren deshalb links am Berge hinauf geklettert und ruhten erst ein Wenig aus, ehe wir den Gletscher betraten.

Nun ging der Marsch an. Auf dem Gletscher hatte es tüchtig geschneiet. An manchen Stellen fielen wir bis an die Kniee in den Schnee. Das Gletschereis hat hie und da tiefe und breite Spalten. Diese werden, wenn es schneit, vom Schnee zugeweht. Wer darauf tritt, bricht durch und stürzt in die Eiskluft, so tief wie ein Thurm. Unser Führer ging voran. Ich trat genau in seine Fußstapfen, Schritt für Schritt, und hinter mir kam der Vater. Die Sonne schien heiß und der Schnee blendete sehr die Augen. Der Neuschnee thauete tüchtig zusammen; allenthalben liefen klare Bäche und stürzten in die Eisspalten hinunter. Man hörte ringsum lauter Rieseln und Brausen. An den Seiten dieser Eisbäche war der Schnee vom Wasser abgefressen und wieder zu Eiszapfen gefroren. Das sah allerliebst aus, gerade wie Zuckergebackenes vom Konditor. Allein es hieß aufpassen! Einmal trat ich nur ein klein Wenig seitwärts, gleich stak ich bis an das Knie mit dem rechten Beine in einer verschneiten Spalte und in eiskaltem Wasser. Vater zog mich wieder heraus.

Dann mußten wir über mehrere Eisspalten springen. Eine davon war so breit wie ein Tisch. Da ist es gut, wenn man beim Turnen tüchtig springen gelernt hat. Der lange Bergstock mit der scharfen Eisenspitze hilft sehr dabei. Weiterhin hörten allmälig die Spalten auf.

Nach einer guten Weile begegnete uns ein Mann, der von der andern Seite herüberkam, und unser Führer benutzte dessen Fußspur, um darnach weiter zu gehen, denn einen eigentlichen Weg giebt es auf dem Gletscher nicht. Wer darübergehen will, muß genau wissen, wo die wenigsten und kleinsten Spalten sind. Es entstehen auch immer neue Spalten und manche alte gefrieren wieder zu. Der Führer muß also auch immer aufpassen.

Jetzt sahen wir sogar Gletschertische. Dies sind Steinblöcke, welche auf den Gletscher von den Bergen herabgefallen sind. Das Eis thaut rund um die Steine weg, unter ihnen bleibt es aber wie ein schiefer Fuß stehen und ist mitunter gerade wie ein Stiel; der Stein darauf sieht aus wie ein großer Pilz. Unser Führer warf einen solchen Gletschertisch um und der Stein tanzte ein Stück auf dem Eise hinunter. Der Vater sagte: er werde dort nach einiger Zeit wieder einen neuen Fuß bekommen.

Wir waren schon eine halbe Stunde gegangen und wurden sehr müde. Wenn wir zurücksahen, so bemerkten wir nur ein so kleines Stück vom Gletscher hinter uns, als ob wir erst 5 Minuten gegangen wären. Vor uns sahen wir auch nur ein solch' kleines Stück. Nach einer Viertelstunde sah es vor und hinter uns gerade noch so aus und nach abermals einer Viertelstunde immer noch. Es war, als ob wir gar nicht von der Stelle kämen. Links vor uns war der Finailspitz bis oben hinauf mit Schnee bedeckt; nur an einer Stelle schaueten Felsen heraus. Er stieg noch mehr als tausend Fuß höher. Rechts neben dem Gletscher erhob sich der Neußberg. Auf diesem war kein Schnee, nur kahler Felsen.

Besteigung einer Alpenspitze.
(Montblanc.)

Beide Berge schienen aber immer gleichweit von uns zu bleiben. Nachdem wir schon mehr als eine Stunde gegangen waren, immer etwas bergauf gestiegen, schienen beide Berge noch gerade so weit von uns entfernt wie vorher. Der Gletscher ist an seiner Oberfläche gewölbt, deshalb konnten wir nicht weit sehen.

Nach anderthalb Stunden waren wir sehr müde und machten Halt, um auszuruhen. Der Führer legte sich gleich auf den Schnee. Ich setzte mich auf einen Stein, der auf dem Gletscher lag. Wir aßen Schinken und Brod und tranken Wein dazu. Der Führer holte von einem Gletscherbache Wasser und mischte es mit dem Weine, denn wir waren sehr durstig. Die Luft ist hoch droben auf dem Gebirge sehr trocken und macht sehr durstig. Mir ist von der trockenen Luft die ganze Haut im Gesichte aufgesprungen. Nachher haben mir auch die Augen von dem Schneeglanze ein paar Stunden sehr wehe gethan, da wir keine Schneebrillen aus blauem Glas und keinen blauen Schleier vor dem Gesicht hatten, wie es manche Reisende thun. Gegen das Aufreißen der Haut bestreichen sich Manche auch das Gesicht mit einem Brei aus Schießpul= ver. Wir machten aber keine schwarzen Männer aus uns, sondern ich habe auf einem Gletschertisch einen Schneemann gemacht. Eine Cigarre konnte dieser aber nicht bekommen, denn hier war kein Holz. Wir waren auf der höchsten Stelle des Ferners, auf dem Hochjoch, 9300 Fuß über dem Meere. Ein Joch ist eine Lücke zwischen zwei größern Bergspitzen, die man benutzt, um über einen Gebirgskamm hinweg nach dem Thale auf der andern Seite zu kommen. Von Fend aus führen nur zwei Wege nach dem Schnalser Thale hinüber, der eine durch das Rofener Thal über das Hochjoch, der andere durch das Niederthal über das Niederjoch. Der letztere Weg ist zwar nicht so lang, auch steigt er nicht so hoch, die Gletscher haben aber dort mehr Spalten, der ganze Weg soll steiler und viel gefährlicher sein. Wir hatten deshalb den Pfad über das Hoch= joch gewählt.

Unser Lagerplatz war dicht am Neußberg. Ein großer Raubvogel kam durch die Luft geflogen und setzte sich auf einen Felsen des Neußberges. Der Himmel sah ganz dunkelblau aus. Wir konnten nicht erkennen, ob der Raub= vogel ein Steinadler oder ein Lämmergeier war; die Leute hier nennen jeden großen Raubvogel einen Geier. Er spähete wahrscheinlich nach den Schafen, die wir im Rofener Thale dicht am Gletscher gesehen hatten. Unser Führer pfiff laut auf dem Finger und der Vogel flog wieder auf und davon.

Der Finailspitz schien von hier aus nicht mehr weit zu sein, wir waren aber so müde, daß wir gar keine Lust hatten hinauf zu steigen. Es soll nicht sehr schwer sein hinauf zu kommen, ein paar Stunden Klettern sind aber doch dazu nöthig. Wir hatten von unserm Lagerplatze aus noch einige Stunden Marsch thalab vor uns.

Die meisten Spitzen der Alpen sind sehr schwer zu ersteigen, ja auf manche ist noch gar kein Mensch hinaufgekommen. Der Führer war auf mehreren hohen Spitzen gewesen und erzählte uns davon, wie gefährlich es manchmal sei, hinaufzukommen. Wenn z. B. ein Reisender auf die Spitze des Montblanc steigen will, so muß er 4 Führer mitnehmen, das ist Gesetz. Dann braucht er noch 5 Träger zu den Lebensmitteln und andern Sachen. Sie brauchen 3 Tage Zeit dazu und müssen auf dem Schnee über Nacht bleiben, also auch Decken mitnehmen. Droben liegt der Schnee mitunter sehr hoch und bildet steile Wände. Dann wieder kommen Eiswände und Felsklüfte. Die Leute müssen Stufen ins Eis hauen, Leitern zum Hinaufsteigen mitnehmen und Seile zum Hinaufziehen und Hinablassen. Manchmal müssen sie auf einer schmalen Kante aus Eis oder Felsen entlang gehen oder sich darauf setzen und reiten. Die Schneewände sind aber das Schlimmste. Sie brechen leicht los, wenn die Leute darauf treten, und kommen ins Rutschen. Es ist schon mancher Bergsteiger dadurch verunglückt, mit dem Schnee in die Tiefe hinabgestürzt und nie wieder aufgefunden worden. Einen Reisenden, der den Montblanc besteigen will, kostet die ganze Geschichte gegen 900 Francs, bald 250 Thaler. Dabei darf er weder müde werden noch schwindelig. Kommen Nebel oder Unwetter heran, so muß die ganze Gesellschaft wieder umkehren, mitunter nicht weit vom Ziele.

Wir hatten keine Lust, eine solche Bergspitze zu besteigen, auch nicht einmal die Finailspitze. Von dort oben soll man aber weit über die Schneefelder, Gletscher und Berge sehen können, zugleich auch nach den schönen Thälern in Südtyrol. Von unserm Lagerplatze aus sahen wir auch schon viel Schnee und eine ganze Anzahl weißer Bergspitzen ringsum. Die Thäler wollten wir lieber später in der Nähe beschauen.

Nach einer halben Stunde Rast wateten wir durch hohen Schnee weiter. Hier waren aber keine Spalten und auch keine Gletscherbäche mehr. Es ging jetzt viel besser als im Anfange. Der Weg ging etwas abwärts und das Ende wurde sogar höchst lustig. Da, wo der Hochjochferner nach Süden ins Schnalser Thal endigt, geht es steilab hinunter! Es lag aber Schnee, der unten fest war und oben etwas mürbe. Hier fuhren wir rasch hinunter, als ob wir auf einem Schlitten säßen. Der Schnee sprühte links und rechts umher. Der Führer rutschte voran und wir Zwei hintenach. Mit den Stöcken hemmten wir ein. Es war eine köstliche Rutschpartie. Schade, daß Du nicht mit Albert dabei warst. So Etwas habt Ihr zu Hause auch im Winter nicht gehabt.

Wir waren aber am Ende doch froh, als wir wieder festen Grund unter den Füßen hatten, statt nassen Schnee. Eine Weile marschirten wir in einem schmalen Thale hinab neben einem rauschenden Bache. An einer Stelle bildete dieser einen sehr hohen Wasserfall. Nach etwa anderthalb Stunden kamen wir zu einem Bauernhof, Kofler, tranken Kaffee und bekamen einen großen Teller mit kleinen gerösteten Brodstückchen dazu. Gegen Abend erreichten wir den Ort Unser lieben Frauen im Schnalser Thal. Ich war aber so müde, daß ich mich gleich zu Bett legte und einschlief, ohne Abendbrod zu essen. Wir fragten: was der Wirth zu Essen habe, das wir rasch erhalten könnten? Er antwortete: „Kalbsbraten!“ Nachher erfuhren wir, daß das Kalb noch im Hofe herumlief und erst geschlachtet wurde. Das währte doch länger, als wir munter blieben. Die ganze Nacht träumte ich von Schneemännern und Schlittenfahrten auf dem Gletscher.

Es grüßt Dich

Dein Hermann.

Abfahren auf dem Schnee.

Zerklüftetes Gletscherende. (Bossonsgletscher im Chamounythale.)

33.

Firn und Gletscher.

Wenn es im Thale regnet, schneit es droben in den höhern Theilen des Gebirges und im Winter fällt dort der Schnee 20 bis 30 Fuß dick, so hoch wie
ein Haus. Während des Sommers thaut zwar eine gute Menge davon wieder
weg, aber bei Weitem nicht Alles. Es bleibt dem Winterkönig, der dort droben
residirt, immer noch eine hübsche Menge Erspartes übrig.

Der Schnee, welcher auf den höhern Theilen des Gebirges im Winter
fällt, ist gewöhnlich sehr fein. Er bildet keine großen, weichen Flocken, wie im
Niederlande, sondern Schneestaub. Er besteht aus kleinen Eisnadeln. Liegt
dieser feine Schnee länger, so schmelzen durch den Sonnenschein im Sommer
viele solche kleine Eiskrystalle zu Körnern und Kügelchen zusammen, die unsern
Graupeln oder kleinen Schloßen ähneln. Alter Schnee vom vorigen Jahre ist
körnig. Die Alpenbewohner nennen ihn Firn.

Thaut der Schnee in den oberen Schichten, so sickert das Wasser in die tiefern Lagen hinab. Bei Nacht gefriert es dann wieder und bäckt zu Eis zusammen. Thauen und Gefrieren wechselt im Sommer ziemlich jeden Tag. Es zeigen sich dann alle möglichen Uebergänge von feinem Neuschnee, körnigem Firn und lockerem bis zu festem Eis, das auf den Spalten schön blau schimmert. Auf diese Weise entsteht aus dem Firnfeld eine Eismasse, ein Gletscher. Das Gletschereis ist nicht so gleichmäßig dicht und fest wie die Eisdecke unserer Flüsse und Teiche. Es ist schwammiger, von Wasser durchdrungen.

Manche Firnfelder und Gletscher sind sehr groß, haben mehrere Meilen Breite und Länge. Sie füllen oft die ganzen Mulden und Räume zwischen den höhern Kuppen aus und strecken sich dann von dort aus mitunter noch tief nach den Thälern und Schluchten herab. Dabei sind sie entsprechend dick, 1000 Fuß und darüber. Du weißt, daß die Nordsee an den meisten Stellen etwa 600 Fuß Tiefe hat. Unser Kirchthurm daheim hat 200 Fuß Höhe, fünf solcher Kirchthürme denke dir übereinander gestellt oder drei der größten Pyramiden Aegyptens auf einander gesetzt, so hast du etwa die Dicke eines der mächtigeren Gletscher.

Je mehr Schnee auf die Schneefelder fällt und je mehr Firn und Eis sich bilden, desto weiter werden auch die Gletscher nach dem Thale herabgedrückt. An ihrem untern Ende thauen sie fortwährend ab, von oben rücken sie fortwährend nach. Ein solcher Gletscher ist ähnlich wie ein Fluß, der statt Wasser wäss'riges, schwammiges Eis enthält. Man hat genau ausgemessen, wie rasch das Gletschereis weiterrückt. Es ist dies sehr verschieden nach der Neigung des Thales, in welchem der Gletscher sich fortbewegt. In der Mitte rückt das Eis schneller vor als an den Seiten, gerade wie in einem Flusse das Wasser auch in der Mitte rascher strömt. Bei manchen Gletschern beträgt es nur einige Zoll während eines Tages, bei andern mehrere Fuß. Kommt der breite Eisstrom an eine engere Stelle des Thales oder an einen Punkt, an dem das Thal steiler abfällt, oder wo es durch einen vorgeschobenen Felsenriegel gesperrt ist, so drängt sich einmal das Eis mehr zusammen, dann bewegt es sich wieder rascher, hebt und senkt sich. Dadurch zerreißt es vielfach und bildet mitunter wunderliche Figuren: Zacken, Spitzen und Eisnadeln. Ganz ähnlich, wie ein Fluß Wellen schlägt, wenn er sich durch eine Felsenge zwängt oder einen Wasserfall macht, so sehen auch die Gletscher an solchen Stellen aus wie gefrorene Wellen und stürzende Fluten. Die Gletscherspalten reißen oft mit lautem Krachen und Knallen und die Thalbewohner sagen dann wol aus Scherz: „Die wilden Jäger und Dämonen halten Manöver und exerziren mit Kanonen.“ Besonders häufig reißen solche Spalten auch bei Wetterveränderungen, weil sich dann das Eis, das Wasser und die Luft in verschiedener Weise ausdehnen. Die Klüfte und Spalten im Gletschereis sind manchmal sehr lang und mehrere hundert Fuß tief.

Die Steine, welche von dem Felsen links und rechts auf den Gletscher herabfallen, rücken mit fort, sowie das Eis selbst weiter rückt. Sie bilden gewöhnlich lange Streifen auf dem Eise (Moränen) und am Ende des Gletschers einen förmlichen Schuttwall.

Der Gletscher thaut fortwährend ab, da am stärksten, wo die Wärme auf ihn am meisten wirkt. Das Wasser sammelt sich an seiner Oberfläche zu kleinen Bächen; diese fressen Rinnsale ins Eis und stürzen dann in die Eisklüfte. Manchmal fallen sie auch in ein Loch des Gletschers und bilden eine sogenannte Gletschermühle. Auf manchen sehr zerrissenen Gletschern sind auch Wasserfälle im Eis. Auf dem Grunde des Gletschers sammelt sich das Wasser gewöhnlich zu einem starken Bache, der am Ende wol durch ein weites Eisthor herausströmt. Es ist jedoch nicht bei jedem Gletscher ein solches Eisthor, bei manchen andern strömt das Wasser durch zahlreiche Klüfte und Spalten hervor.

Die dicke, dicke Eismasse drückt und schabt beim Fortrücken auf dem Grunde und an den Seiten den Felsboden des Thales. Sie polirt und rundet die Steine ab. Selbst die härtesten Felswände werden wie von einer riesigen Feile geritzt und gekritzelt. Den Staub, der dadurch abgelöst wird, nimmt das Wasser mit fort. Die Gletscherbäche sehen deshalb gewöhnlich ganz trübe aus, wie schmutziges Seifenwasser oder wie Milch.

Das Eis der Oberfläche ist gewöhnlich rauh; nur an manchen Stellen sind blanke, glatte Bänder und Flecken. Von den Bergen weht der Staub auf den Gletscher und schmilzt in das Eis ein, da ihn die Sonne erwärmt. Da, wo ein Häufchen Staub zusammengeweht ist, oder ein flacher, dünner Stein liegt, wärmt die Sonne am stärksten; dort entsteht ein Loch, das sich mit Wasser füllt und manchmal ziemlich tief wird. Wanderer machen sich das Vergnügen, den Bergstock in solches Wasserloch hinein zu schleudern. Er springt dann wie ein Taucher wieder heraus.

Wenn ein Gletscher an einem steilen Abhange endigt, so schiebt sich sein Ende über den Abgrund hinaus und bricht stückweise ab. Eisblöcke, so groß wie ein Haus, stürzen hinunter und zersplittern. Ein solches Thal kann natürlich von Niemand bewohnt werden.

Die großen Gletscher der Alpen sind die Vorrathskammern, aus denen alle größeren Flüsse des Landes selbst in den trockensten Sommern ihr Wasser erhalten; ja sie schwellen gerade zur heißesten Zeit am meisten an. Die Gletscher und Firnfelder sind die Sparkästchen, aus denen das ganze Tiefland zur Zeit der Trockniß Wasser erhält; sie sind die Eismeere in der Höhe, von denen die Ströme gleich Adern herab nach den Ebenen ziehen.

Das Weltmeer sendet nachher das empfangene Wasser wieder als Wolken zurück und diese schütteln neuen Schnee auf die Ferner. Es ist hier ein ewiger Kreislauf, der für das ganze Land Segen bringt. Hier und da richten die Gletscher wol einmal Unheil an, für das große, weite Land sind sie aber eine Wohlthat.

Die Gefahr beim Uebergang über einen Gletscher liegt vorzugsweise in den verschneieten Klüften und Spalten. Offene Spalten können übersprungen oder umgangen werden, in überschneiete dagegen bricht der Wanderer durch. Man unternimmt einen Marsch über einen nicht genau bekannten Gletscher deshalb nie allein, sondern in Gesellschaft. Sämmtliche Personen knüpfen sich in gleichmäßigen Absätzen an einem langen Seile fest. Der Vorderste prüft mit dem Stocke den Boden, ob er sicher ist; bricht ja ein Glied der Gesellschaft in eine Spalte, so wird es durch die Uebrigen gehalten. Der Hochjochgletscher hat verhältnißmäßig nur wenig Klüfte und es sind bei den zahlreichen Uebergängen, die jährlich stattfinden, deshalb auch nur wenig Unglücksfälle vorgekommen.

Man erzählt, daß am Anfang dieses Jahrhunderts eine Frau verunglückt sei, welche junge Schweine aus dem Schnalser Thale nach Rofen treiben wollte, ebenso ein Schlosser, welcher mit Schlössern von Schnals nach Fend auf dem Wege war. Die Gebeine des Mannes und die Schlösser erschienen nach 40 Jahren wieder auf der Oberfläche des Gletschers. Im Jahre 1829 erfroren auf dem Gletscher zwei Hirtenburschen. Sie hatten Vieh aus dem Schnalser Thale nach dem Rofenberge gebracht und mußten sofort wieder zurück, ohne daß sie sich vorher hätten erholen können; sie waren jedenfalls vor Ermattung liegen geblieben. In diesem Falle war also nicht der Gletscher, sondern die Herzlosigkeit der Menschen an dem Unglück Schuld gewesen.

34.

Bergschafe und Lämmergeier.

Hermann an Karl.

Lieber Karl!

Da es heute regnet und wir deshalb Ruhetag halten, will ich Dir Etwas von den Schafen in den Alpen erzählen.

Ich habe früher gar nicht gedacht, daß die Schafe so gut klettern können, da sie bei uns immer nur langsam auf der Wiese und den Feldern herum marschiren. Auch hatte ich gar nicht daran gedacht, daß die Leute in den Alpen Schafherden halten, da man in den Büchern gewöhnlich nur von den Kühen und Ziegen erzählt findet. Jetzt habe ich es aber im Rofener Thale selber gesehen.

Dieses Thal ist ungefähr drei Stunden lang und liegt sehr hoch. Seine tiefste Stelle. am Anfange ist schon viel höher als die Schneekoppe des Riesengebirges. Es zieht sich von da an immer höher hinauf bis zum Hochjochferner. An beiden Seiten sind hohe Berge, oben ringsum mit Schnee und Gletschern bedeckt. Manche Gletscher erstrecken sich in den Schluchten bis zum Thale hinab. Die Seiten des Thales sind meistens steil und mit losem Steingeröll bedeckt. Oft stürzen auch von oben neue Steine herunter. Zwischen den Steinen stehen hier und da einzelne Gräschen und Kräuter und nur an manchen Stellen sind hübsche kleine Alpenblumen wie Gartenbeetchen.

In diesem Thale trafen wir viele Schafe; zuerst kamen uns drei auf dem Wege entgegen. Als ich auf sie zuging und sie streicheln wollte, liefen sie rasch an dem Bergabhange hin, daß die Steine bei jedem Tritte in die Schlucht hinab rasselten. Du hättest da sehen sollen, wie sie springen konnten! Dann kam von oben herab ein ganzer Trupp nach. dem Pfade herunter geklettert, wol

gegen zwanzig. Hier waren auch einige kleine Lämmer dabei. Die meisten die=
ser Schafe sahen braun aus, ich weiß aber nicht, ob manche vielleicht von der
Erde so braun geworden waren, denn sie müssen des Nachts auch im Freien
schlafen.

Des Lämmergeiers Angriff.

Nun sahen wir im ganzen obern Thale an beiden Seiten kleine Trupps
von Schafen zerstreut, die an den Bergwänden entlang kletterten und weideten.
Manche sollen sich auch dabei zu Tode fallen. An einer Stelle dicht am Wege
hing ein Stück schwarzes Schaffell an einer Stange. Der Führer sagte: es sei

aufgehangen, damit man im Nebel den schmalen Weg danach finden könne. Es war ein sonderbarer Wegweiser.

Die kleine Schafherde lief uns ein großes Stück nach, wahrscheinlich wollten die Thiere von uns Etwas zu fressen haben, vielleicht etwas Brod oder Salz.

An der gegenüberstehenden Thalseite sahen wir die Schäferhütte, aus Steinen gebaut. Einen Schäfer oder einen Hund bemerkten wir aber nicht. Im Frühjahr werden die Thiere vom Schnalser Thale aus über den Gletscher herüber ins Rofener Thal getrieben und bleiben die meiste Zeit über allein. Sie leben hier halbwild. Fortlaufen können sie nicht, denn ringsum sind Schneefelder und Gletscher; über diese gehen sie nicht, wenn sie nicht müssen. Unten am Eingange des Thales liegen die Bauernhäuser, denen die Schafweide gehört. Mitunter geht ein Schäfer ins Thal hinauf und sieht nach, ob die Thiere noch da sind. Er giebt ihnen dann etwas Salz zu lecken, um sie an sich zu gewöhnen. Ist ein Schaf todtgefallen, so zieht er ihm das Fell ab und nimmt das Fleisch mit, wenn es noch frisch ist. Im Herbst treibt er sie nach Hause. Diebe giebt es hier nicht, welche die Schafe stehlen.

Auf einem hohen Felsen sahen wir einen Raubvogel sitzen, der nach den Schafen herabspähete. Es war wahrscheinlich ein Steinadler. Der Lämmergeier macht auch Jagd auf die jungen Schafe. Diese Raubvögel stoßen hoch aus der Luft auf die Lämmer herab, packen sie mit den Klauen und tragen sie durch die Luft davon nach ihrem Neste, wenn sie Junge haben, oder auf einen sichern Felsen. Dort verzehren sie ihre Beute.

Der Lämmergeier frißt auch die Knochen mit und verdaut sie. Selbst alte Schafe werden von den Raubvögeln manchmal angefallen, wenn sie am Rande eines Abgrundes klettern. Der Lämmergeier sucht sie dann in die Schlucht hinunter zu stoßen, um sie zu tödten.

Im Oetzthale sahen wir bei Umhausen einen steilen Felsen, der die Engelswand heißt. Früher soll einmal ein Raubvogel bei Umhausen ein Kind gestohlen und auf jenen Felsen getragen haben, um es zu verzehren. Es soll aber das Kind damals noch gerettet worden sein. Hirten und Jäger müssen sehr auf ihrer Hut sein, wenn sie an den Abgründen hinklettern, daß sie nicht durch Adler oder Lämmergeier überfallen werden. Ein Adler schleuderte einstmals einen Hirtenknaben in den Abgrund, nicht weit von der Sennhütte, ohne daß die Männer, welche nur einige Schritte davon standen, ihm hätten helfen können. Ein andermal stieß ein Adler auf ein Lämmchen. Dies flüchtete sich in das dichte Knieholz, der Adler gerieth dabei auch ins Gehölz und der Hirtenknabe, welcher in der Nähe war, hämmerte mit seinem Bergstock so lange tüchtig auf den Vogel los, bis er ihn erschlagen hatte*).

Die Alpenbewohner benutzen die abgelegensten Thäler zur Schafweide, mitunter sogar Thäler oder Felsen, welche mitten zwischen Gletschern und Firnfeldern liegen. Es kostet dann nicht selten viel Mühe, die Schafe dorthin zu schaffen. Man nimmt Breter mit und macht ihnen Brücken über die Eisspalten. Es kommt sogar vor, daß man die Schafe einzeln an Seilen nach hochgelegenen Thälern hinaufzieht und im Herbst wieder hinabläßt. Der Hirtenjunge, welcher sie in solchen Einöden hütet, bekommt auf drei Monate Brod und geringen Käse mit und lebt ein Vierteljahr ganz einsam, nur mit seinen Schafen, ohne einen Menschen zu sehen. Er verlernt fast das Sprechen dabei. Den Schafen geht es zu Zeiten auch sehr schlimm, wenn es ein paar Tage nach einander schneit oder Gewitter kommen. Dann drängen sich die Thiere auf einen Haufen zusammen, lassen sich einschneien und hungern, bis der Schnee wieder wegthaut.

Von manchen Schäfern werden die Schafe auch gemolken; es ist dies aber nur selten der Fall, denn sie geben sehr wenig Milch, jedes nur ein paar Eßlöffel voll.

In manchen Theilen der Alpen giebt es noch Bären. Diese besuchen am liebsten die einsamen Schafherden und holen sich aus diesen ihren Fraß. Sobald es die Hirten aber merken, theilen sie es ihren Freunden mit. Alle Männer aus dem Thale bewaffnen sich mit Flinten und ziehen auf die Bärenjad aus. Der Bär wird dann entweder erlegt oder verjagt. In diesem Theile der Alpen, durch welche wir gewandert sind, hat man seit langen Jahren keine Bären mehr gesehen. Wölfe giebt es hier auch nicht.

Wenn wir uns aber im Garten eine kleine Alp bauen, sobald ich nach Hause komme, werden wir doch den Bären aus dem Spielkasten mit darauf stellen und eine Höhle für ihn machen. Du kannst ihn einstweilen zurecht setzen.

Es grüßt Dich

Dein Hermann.

---

*) Siehe das Titelbild.

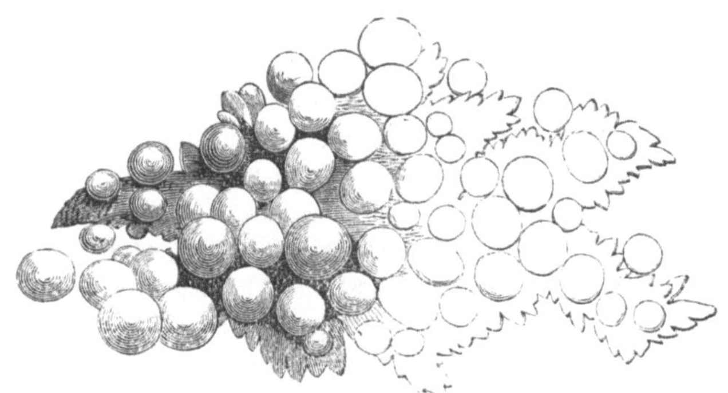

Rother Schnee (stark vergrößert).

35.

Rother Schnee und Gletscherfloh.

Weißt du, was der Wind arbeitet, der wilde Gesell, der mit den abgefalle=
nen Blättern und den Schneeflocken Tanzstunde hält und ihnen ein wunder=
liches Lied dazu singt?

Er weiß nicht, was er thut; er überlegt nichts, berechnet nichts, —
aber er thut doch gar Vielerlei: Großes und Kleines. — Dein Athem überlegt
auch nicht, weiß auch nichts von seinem Wesen und wird doch zum verständigen
Wort und zum lieblichen Lied.

Der Wind ist der Athem der Welt, er umjagt die Erde, kräuselt die Wel=
len des Meeres und grüßt die Spitzen der Berge.

Was bringt er ihnen mit aus dem Reiche des Lebens drunten? Allerlei
Kleinigkeiten sind es mitunter und doch werden sie interessant droben auf den
Gletschern und Firnfeldern, in den weiten Eiswüsten, die meilenweit und breit
die Hochgebirge überlagern und die Wohnung ewigen Todes zu sein scheinen.

Fern im Süden Amerika's wirbelt der Sturm empor. Er ist reiselustig
und braust hinaus zum wilden Ritt um die Welt. Der Staub der Ebenen
ruht auf seinen Fittigen. Er trägt ihn über den weiten Ozean, über das heiße
Afrika, über das Mittelmeer und schüttelt ihn ab an den weißen Schnee=
häuptern der Alpen. „Rother Schnee ist gefallen!" sagen die Alpenwanderer
und nehmen eine Probe davon mit nach Hause. Die Schneeflocken zerschmel=
zen, in dem Wasser aber schwimmt rother Staub. Das Vergrößerungsglas

zeigt deutlich Kieselschalen von winzigen Thierchen, von Infuforien, die in Südamerika leben. Sie haben eine weite Reise gemacht und sind nach Europa herübergeflogen, lange bevor Columbus seine Schiffe nach dem neuen Lande im Westen richtete.

Dieser rothe Schnee ähnelt in der Farbe dem Eisenocker; es sind ihm röthliche Erdtheilchen mit beigemischt. Aber sieh! dort am Rande des Schnee= feldes schimmert es blutigroth, purpurn wie Rothwein! Die Alpenleute er= zählen: ein Maulthiertreiber, ein schlimmer Patron, bestahl dort eine Ladung Rothwein, die ihm anvertraut war. Er verschüttete dabei vom edlen Getränk und zur Strafe dafür muß seine Seele dort auf dem Ferner hausen und den rothen Schnee ansehen, bis sie ein mitleidiger Wanderer durch den letzten Rest seiner Flasche erlöst. Das Märchen ist spaßhaft, — die Wahrheit ist aber noch viel interessanter. Diese zweite Sorte von rothem Schnee zeigt sich unter dem Vergrößerungsglas als lebendige winzige Thierchen (Disceraea nivalis), ebenfalls sogenannte Infuforien. Sie leben mitten im Gletscher und Schnee= wasser und freuen sich in ihrer Art ihres Daseins ebenso, wie andere Ge= schöpfe in den Fluten des Ozeans oder im Quell des Tieflandes in ihrer Weise. Der Gletscher ist keine todte Einöde, er enthält auch lebendige Wesen. Und sonderbarer Weise leben dieselben rothen Schneethierchen auch weit draußen am Nordpol und ihre weithin schimmernde Farbe grüßt den staunenden Schiffer. Sollte der Wind hier auch den Träger gespielt haben? Niemand weiß es. Die Alpenpflänzchen haben auch viele Kameraden in den Polarländern, die ganz gleicher Art mit ihnen sind. Die Wege, durch welche sie weit auseinander gerathen sind, mögen wunderbar genug sein. Mit den Infuforien zusammen kommen im thauenden Schnee und an den Rändern der Firnfelder mancherlei winzige Pflanzenformen vor. Nur das Vergrößerungsglas vermag sie dem Auge in ihren sonderbaren Gestalten zu zeigen. Sie ähneln jenen winzigen Ge= schlechtern der Algen, welche der Forscher auch im Tieflande während des Früh= jahrs zur Zeit der Schneeschmelze findet.

Vom Berge wehet der Wind hinunter ins Thal, vom Thale steigt er wieder hinauf auf die Berge und Ferner. Was bringt er mit?

Dort sitzt auf dem Eis eine halberfrorene Biene, hier liegt ein erstarrter Schmetterling. Der Wind hat sie gegen ihren Willen hierher getragen, wo nichts für sie zu schmausen ist.

Ringsum auf dem Felsen blühen Blumen und Gräser. Jährlich treiben sie neue Blättchen, die alten vermodern. Manche dieser Moderstäubchen

nimmt das Wasser mit hinunter ins Thal, andere weht der Wind hinüber auf's
Gletschereis. Jene unbedeutenden Krümchen, die von dem großen Tisch, der
für die lebendigen Wesen gedeckt ist, abfallen, dürfen nicht umkommen.

Hier ist ein kleiner Wassertümpel im Eis; Moderstäubchen schwimmen
darauf. Aber sieh! dazwischen sind schwärzliche Pünktchen wie Schießpulver=
körnchen. Greife danach — sie fliehen nach allen Seiten auseinander. Es
sind lebendige Wesen. Sie hüpfen behende und deshalb hat der Alpenbewohner
sie Gletscherflöhe genannt, der Naturforscher bezeichnet sie auch als Spring=
schwänze. Nur das Vergrößerungsglas zeigt dir ihre Gestalt deutlich. Ihr
ganzer Körper ist mit feinen Seidenhärchen bedeckt. Die Beine sind zart und
dünn. Mit ihnen läuft aber das Thierchen flink auf der Oberfläche des
Wassers umher, wie andere Wesen auf festem Grunde. Es sinkt nicht unter
und wird nicht naß. Ja, es kann sich sogar auf dem Wasser hoch emporschnellen
und bedient sich dabei nicht seiner Beine, sondern des Schwanzes. Dieser be=
steht aus zwei Zacken, fast wie eine kleine Gabel, und wird für gewöhnlich un=
ter den Bauch geklappt getragen, so daß er gleich zum Losschnellen bereit ist. Für
die Springschwänzchen sind die unbedeutenden Moderstäubchen, die verwesenden
kleinen Insekten, das tägliche Brod, auf das sie warten. Der Wind streut es
ihnen aus. Da hast du ein Wenig von den kleineren Arbeiten des Windes,
und zugleich Leben mitten in Eis und Schnee, eine Thierwelt des Gletschers.

Dicht an der Grenze der Firnfelder und Gletscher und da, wo sich Felsen=
zungen, vom Winde kahl gefegt und von der Sonne gewärmt, zwischen sie hin=
einschieben, regt sich das thierische Leben schon bunter und mannichfaltiger.
Hier zehren Würmchen und Asseln von den modernden Blättchen, Blattwespen
suchen Brutstätten für ihre Eier, kleine Raubkäfer ziehen auf die Jagd aus;
Spinnen weben ihre Netze, um die zierlichen Büschelmücken und winzigen
Fliegen zu erbeuten. Sogar einsam lebende Riesenameisen treiben hier hoch
oben ihr Wesen und einige Schmetterlinge, auffallend dunkel gefärbt, machen
hier ihre ganze Entwickelung durch, vom Ei bis zum vollendeten Falter.

Gletscherfloh (vergrößert).

36.

Nach Unſer lieben Frauen im Schnalſer Thal.

Zwei Hauptketten der Alpen haben wir bis jetzt überſchritten; die dritte, ſüd=
liche, liegt noch vor uns. Drei Hauptketten unterſcheidet man überhaupt, die
in der Richtung von Weſt nach Oſt ziehen. Ueber den nördlichen Zug ge=
langten wir auf der ſchönen Fernpaßſtraße. Die mittlere Kette überſtiegen wir
in der Oetzthaler Gebirgsgruppe und ſind jetzt am ſüdlichen Abhange derſelben.

Im Oetzthale hinauf ward die Umgebung je wilder und wilder, je höher
wir ſtiegen. Anfänglich fanden wir noch Felder mit Getreide und große, wohl=
häbige Dörfer mit anſehnlichen Gaſthöfen. Weiter hinauf verſchwand der
Getreidebau, ja oft genug die Thalſohle ſelbſt; ſie ward zur Felskluft. Nur
durch Viehzucht können ſich die wenigen Bewohner dort nähren. Die Häuſer
liegen nur zu 3 oder 4 in Weilern beiſammen, eine Kapelle dabei, neben
dieſer die Wohnung des Kaplans, meiſtens eines liebenswürdigen Mannes,
der Seelſorger, Schulmeiſter und Rathgeber ſeiner Gemeinde in einer Perſon
iſt, daneben aber auch die Schenkſtube hält. Wir finden am Sonntag die
Männer ſeiner ganzen Gemeinde bei ihm verſammelt. Die jüngern vergnügen

ſich nach dem Gottesdienſt beim Kegelſchub, die ältern ſitzen beim Weinſchoppen und unterhalten ſich von der Welt Lauf oder von den Geſchäften.

Wir finden als Reiſende bei dem Kaplan Unterkommen. Er iſt darauf eingerichtet und ſein Tiſch bietet uns viel mehr, als wir in dem einſamen Ge= birgsweiler erwarteten, zu welchem ja jeder Laib Brod faſt eine Tagereiſe weit hinaufgetragen werden muß.

Sowie die Wohnungen thalaufwärts ſpärlicher werden und zerſtreuter liegen, ſo werden auch die Wege ſchmaler und ſchmaler. Bis Umhauſen, in der untern Hälfte des Thales, führt noch eine leidliche Fahrſtraße. Bis Sölden würden wol noch Saumthiere marſchiren können. Auf unſerer ganzen Wan= derung im Fender Thale haben wir aber nur ſchmale Fußſteige getroffen und nirgends eine Spur von Pferd oder Maulthier geſehen. Nach den Roſener Höfen, den letzten und höchſtgelegenen, führt ebenfalls nur ein Fußpfad. Selten ſahen wir unterwegs Menſchen, meiſt war das Thal einſam und leer, nur der tobende Wildbach brachte Leben hinein.

Im Roſener Thale trafen wir an der rechten Seite des Baches einen friſch angelegten Pfad, den der unternehmende Kaplan von Fend herſtellen ließ, um zu Maulthier nach dem Hochjochferner gelangen zu können. Die Arbeiter waren noch dabei beſchäftigt, — hinter ihnen bröckelte aber das verwitterte loſe Geſtein ſchon wieder herunter. Zwei Gletſcherzungen ſchoben ſich in den Schluchten vom Kreuzſpitz herunter. Sie mußten überſchritten werden. Auf einem Gletſcher iſt allerwärts Weg oder kein Weg. Ein gebahnter Pfad iſt da eine Unmöglichkeit. Der Gletſcher wandert ununterbrochen und würde ſelbſt gemauerte Brückenpfeiler mit fortſchieben. Jeder neue Schneefall verweht dort ſelbſt die wenigen Fußſpuren, welche der Tritt des ſeltenen Wanderers etwa zurückläßt. Dort kann nur der kundige Führer helfen, der es verſteht, ſich nach den Himmelsgegenden und nach den Spitzen der Berge zu richten.

Ueber die Oetzthaler Gruppe führen zwar mehrere Uebergänge für Fuß= wanderer, aber kein ausgetretener Weg, viel weniger eine Fahrſtraße.

Am Südabhange des Hochjochferners kamen wir in das obere Schnalſer Thal, das ringsum ebenfalls von Schneebergen umgeben und von Gletſchern umlagert iſt. Nicht wenige Spitzen ragen bis 12,000 Fuß hoch und ſind mehr als 3000 Fuß hoch in Schnee gehüllt. Im obern Anfange des Schnalſer Thales haben wir zunächſt große Mühe, überhaupt eine Fußſpur zu finden. Der Führer ſelbſt irrt ſich ein paar Mal und wir ſind gezwungen, mit Hülfe des Bergſtockes über den Bach zu ſpringen, deſſen Laufe wir folgen. Endlich finden

wir einen ſchmalen Pfad und wandern auf ihm ein paar Stunden weiter thalabwärts.   Wir treffen wieder einzelne Weiler und Wieſen, auf denen die Leute

Tyroler Trachten.

beim Heumachen beſchäftigt ſind.   So kommen wir nach Unſer lieben
Frauen, einem Dörfchen mit altberühmter Wallfahrtskirche.

   Das Alpengebirg iſt reich an Wallfahrtsorten. Mitunter ſind es kleine

Kapellen hoch droben auf steiler Felswand. Noch jährlich ziehen Prozessionen dorthin, mit dem Kreuz voran, begleitet vom Seelsorger.

Es herrscht eine mächtige Gewalt in der Alpennatur; sie mahnt den Menschen an seine eigne Kleinheit und Schwäche. Sie mahnt ihn an Den, welcher die Berge bauete zu Säulen seines Tempels und den Himmel darüber wölbte zu einem Dom. Der fromme Glaube sucht ihn dort, — der sinnige Forscher findet ihn ebenfalls. Er sieht hier die Kräfte der Natur in ungehindertem Walten und Wirken. Der Wildbach ist noch nicht gebändigt, der Sturm fährt ungezähmt daher. Lawinen und Gletscher wählen sich ihre eigenen Pfade.

Daneben entfaltet aber auch die Pflanzenwelt liebliche Bilder und selbst das Thierleben, obschon es sich gern dem Auge des eilenden Wanderers verbirgt, bietet genugsam interessante Seiten. Sie zeigen, daß neben dem übermächtigen Walten der Elemente auch die Liebe und Freundlichkeit des Herrn hier eine Stätte haben. Der Forscher wallfahrtet in seiner Weise zu den Heiligthümern des Hochgebirgs, findet reiche Schätze für Geist und Herz und nimmt sie mit nach Hause, als Kleinodien unvergänglicher Art für's ganze Leben.

Zur Erklärung des beigegebenen Tonbildes:
Die letzten Verzweigungen des Oetzthales.

Um den jugendlichen Lesern eine annähernde Vorstellung von den Thalverzweigungen im Hochgebirge zu geben, sowie von dem Wege, den wir über die Oetzthaler Gruppe genommen haben, ließen wir den obersten Theil des Oetzthales mit seinen Verzweigungen von dem Zeichner entwerfen. Es diente ihm dabei eine Reliefkarte, welche wir selbst von jenem Gebirgstheile angefertigt hatten, und auf welcher die Höhen vierfach so stark angenommen waren als die horizontalen Entfernungen. Wir bemerken zu dieser Ansicht Folgendes:

Ein Zoll wagerechte Entfernung entspricht ungefähr einer deutschen Meile. Der Vordergrund des Bildes zeigt (19) Zwieselstein am obersten Ende des Oetzthales im engern Sinne; links zieht sich das Gurgelerthal (36 Obergurgel) nach dem Hochwild-Spitz (31), im Mittelgrunde liegt das ungefähr 2 Meilen lange Fender Thal vor uns. In seiner Mitte sehen wir Heiligenkreuz (18), Winterstall (17) und an seinem obern Ende Fend (16) am Fuße des Thalleits-Spitz (25). Hier theilt sich das Thal gabelig: links zieht das Niederthal nach dem Niederjoch (30) zwischen dem Similaun- (24) und dem Finail-Spitz (26);

Die letzten Verzweigungen des Oetzthales.

Zu H. Wagner's Alpenreise.

Leipzig: Verlag von Otto Spamer.

rechts geht das Rofener Thal (14 die Rofener Höfe). Unser Weg führte hier am Abhange des Thalleitsspitz (25) vorbei nach der Zwerchwand (15) und dem Hochvernagt=Gletscher (9) über den Hochjochferner und das Hochjoch (28) nach Kurzgras (2) und jenseits der Bergkette südlich nach Unser lieben Frauen im Schnalser Thal, dessen Lage die Punkte unter 37 andeuten. Die Bergzüge jenseit des Schnalser Thales, welche von Salurn=Spitz (1) anfangen, sind nur schwach angedeutet; sie setzen sich in ähnlicher Weise fort, wie wir sie diesseits sehen. Rechts von unserm Bilde dehnt sich ein ungeheures Firnmeer über die ganzen Bergzüge zwischen dem Pizthal und Kaunerthal aus. Alles Weiße des Bildes ist Firnschnee und Gletscher; die dunkel schraffirten Stellen sind Glim=merschieferfelsen; nur auf der meistens sehr schmalen Thalsohle oder an den untern Gehängen sind Wiesenmatten. Wäldchen sind sehr sparsam und von geringem Umfange bis gegen Fend hin im untern Theile der Thäler vorhan=den. Die weißen Streifen in den Thalsohlen entlang sollen die Bäche andeuten, die mit den Thälern gleiche Namen führen. Die zahllosen Wasserfälle konnten nicht angedeutet werden. Wir geben zur Uebersicht noch nachstehende Erklärung der beigesetzten Ziffern:

1. Salurn = Spitz, 10,857 Fuß hoch über Meer.
2. Kurzgras; Bauernhof.
3. Weißkugel, 11,841'.
4. Langentauferer Joch, 11,210'.
5. Im hintern Eis.
6. Neußberg.
7. Langentauferer Jöchel, 9965'.
8. Hochvernagtwand.
9. Hochvernagt=Gletscher.
10. Im Brandel.
11. Wildspitz, 11,947'.
12. Weißkopf.
13. Schwarze Schneide, 10,500'.
14. Rofener Höfe, 2 Häuser, 6465'.
15. Zwerchwand.
16. Fend, 5 Häuser und Kapelle, 5984'.
17. Winterstall, 3 oder 4 Häuser.
18. Heiligenkreuz, kleine Ortschaft.
19. Zwieselstein, Ortschaft, 4690'.
20. Röder=Kogel, 10,000'.
21. Anitz=Spitz, 11,238'.
22. Gampels=Kogel, 10,776'.
23. Schalf=Kogel, 11,149'.
24. Similaun=Spitz, 11,401'.
25. Thalleits=Spitz, 10,772'.
26. Finail=Spitz.
27. Grabwand.
28. Hochjoch, 9311'.
29. Kleeleiten=Spitz, 11,052'.
30. Niederjoch, 8700'.
31. Hochwild=Spitz, 11,002'.
32. Schwärzen.
33. Langenthaler Eissee und großer Oetz=thaler Ferner.
34. Langenthaler Joch, Pfad nach dem Pfel=derserthal (Plan).
35. Hohe First.
36. Obergurgel, Ortschaft, 5987'.
37. Lage von Unser lieben Frauen im Schnalser Thal; Ortschaft mit Kirche und 2 Wirthshäusern.

37.

Maulthierritt.

(Nach Staaben im Etschthal.)

———

Hermann an seinen Bruder Karl.

Lieber Karl!

Ich bin nun fast auf alle möglichen Arten in den Alpen gereist. Nach den Bayerischen Alpen fuhr ich zuerst auf dem Dampfwagen, dann über die See'n auf dem Dampfschiff und auf dem Nachen, nachher mit dem Einspän=
ner. Durch Nordtyrol sind wir zu Fuße marschirt und hier nach Südtyrol bin ich geritten! Ja, staune nur: drei ganze Stunden lang habe ich auf dem Maulthier gesessen wie ein Husar oder ein Ritter!

Bei unserm Marsche über den Hochjochferner hatten wir nichts als Brod und Speck zu essen, Wein und eiskaltes Gletscherwasser zu trinken. Es war eben nichts Anderes zu bekommen. Davon war ich zuletzt unwohl geworden und befand mich auch am andern Tage noch sehr übel.

Der Führer hatte unsere Sachen noch eine Stunde weiter mit genommen, bis nach Karthaus. Wir waren in Unser lieben Frauen im Schnalser Thale geblieben.

Das Schnalſer Thal iſt eben ſo eng wie das Oetzthal und die Berge ſind an beiden Seiten eben ſo hoch; es iſt aber kaum halb ſo lang. Im Thale entlang brauſt der ſtarke Schnals=Bach, der mitunter bedeutend anſchwillt und dann große Verwüſtungen anrichtet. Bei Unſer lieben Frauen waren an ſeinen Ufern mächtige Steinwälle aufgebaut, auch eine Anzahl ſtarke Böcke aus dicken Baumſtämmen aufgeſtellt, um die Gewalt des Waſſers zu brechen.

Der Weg von Unſer lieben Frauen bis nach Karthaus ward mir ſehr ſchwer; ich war ſehr matt und konnte nichts genießen. Zur Frühſtückszeit kamen wir nach Karthaus. Dies war früher ein Kloſter; jetzt gehören die Gebäude einem Bauer. Zu der Thür des Wohnhauſes hinauf führen noch Stufen aus dem ſchönſten weißen Marmor. Aus der alten Kirche iſt ein Stall und eine Scheune gemacht worden. An den Wänden ſieht man noch die alten Gemälde und Vergoldungen und daneben ſtehen die Kühe und Ziegen.

Hier trafen wir auch unſern Führer wieder, der heute den Hirten machen wollte. Er hatte ſeine dicken Kleider, die er bei der Gletſcherwanderung trug, nicht mehr an, ſondern eine leichte Jope, einen breiten Gürtel um die Hüften und kurze Hoſen bis über die Kniee. Das Köſtlichſte an ihm war aber ſein ſpitzer Filzhut. An dieſen hatte er ſich einen Federſtutz aus fünf Eichhorn=ſchwänzen gemacht: hellbraune und dunkelbraune, dazu noch einen Strauß künſtlicher Blumen mit Goldflittern. Er war ein höchſt luſtiger Burſche, der uns viel Spaß machte.

Wir tranken in Karthaus Kaffee und da ich wieder Etwas genießen konnte, ward es mir auch wohler. Zu meiner Freude war gerade ein Maulthiertreiber von Staaben hier. Er hatte mit zwei Maulthieren Wein, Mehl, Salz und andre Lebensmittel gebracht. Er ſah ziemlich zerlumpt aus, faſt wie man in den Bilderbüchern die Räuberhauptleute abmalt; nur hatte er weder Piſtolen noch Dolch. Seine Schuhe waren mit Riemen zuſammengebunden. Sie drohten auseinander zu fallen. Sein Hut war ebenfalls ſehr intereſſant; es war nämlich kein Deckel darin, und der Vater nannte ihn deshalb nur den „Krater“. Trotzdem iſt aber dieſer Maulthiertreiber für das Schnalſer Thal eine ſehr wichtige Perſon. Da in dieſem ganzen Thale kein Getreide gebaut wird, ſo ſchafft er den Leuten, welche dort wohnen, mit ſeinen Thieren die Lebensmittel zu und was ſie ſonſt noch aus der Stadt brauchen. Zugleich macht er auch den Poſtboten und nimmt Briefe und Packete mit hinauf und hinab.

Als der edle Rinaldini, der Maulthiertreiber nämlich, ſeine Geſchäfte beendigt hatte, ſetzte ich mich auf das eine Maulthier. Der Mann hatte aus

Decken eine Art Sattel zurecht gemacht und aus Stricken Steigbügel daran.
An einem Stricke konnte ich mich auch festhalten. Das vorderste Maulthier
trug zwei leere Weinfässer und unser Gepäck. Es wußte den Weg auswendig,
da es ihn alle Wochen ein paar Mal läuft und auch nur ein Weg vorhanden
ist. Es lief langsam voran. Blieb es stehen, so bekam es mit dem Stocke
eine Ermahnung. Der Treiber führte mein Maulthier am Zügel und plau=
derte mit dem Vater. Er erzählte viel von seinen Maulthieren, die er in
Italien gekauft habe und die ihn sehr viel Geld gekostet hätten. Anfänglich
habe er große Noth mit ihnen gehabt, denn sie seien sehr widerspenstig gewesen.
Jedes Thier hatte einen Beißkorb und an jeder Seite des Kopfes Scheuleder.
Der Beißkorb soll sie hindern, unterweges stehen zu bleiben, um zu fressen.

Diese Maulthiere haben eine eigene Gewohnheit, die mich anfänglich sehr
ängstlich machte. Der Weg war hier zwar ganz leidlich, aber doch meistens
nicht breiter, als daß etwa zwei Personen bequem neben einander gehen können.
Zur rechten Hand waren nicht selten vorstehende Klippen und herabhängendes
Gesträuch; links ging es schroff und tief hinunter nach dem Bache, der drun=
ten brauste. Nun marschirte das Thier, auf dem ich ritt, niemals in der Mitte
des Weges, sondern stets auf der äußersten Kante desselben, an der Seite nach
dem Abgrunde hin. Wenn es mit den Hufen Steine lostrat, so polterten diese
in die Tiefe hinunter bis in das wilde Wasser. Da diese Thiere gewöhnlich mit
großen Packeten an beiden Seiten beladen sind, so stoßen sie damit leicht an die
Felsen oder bleiben am Gesträuch damit hängen. Deshalb haben sie es sich
angewöhnt, am äußersten freien Rande zu gehen.

Der Vater versuchte es einmal, an einer Stelle das Thier nach der Mitte
des Weges zu drängen. Er fürchtete, es möchte mit mir in den Abgrund stür=
zen. Er bekam aber von ihm unvermuthet einen solchen Stoß, daß er auf einen
Felsblock daneben taumelte. Wenn nachher der Vater dem Thiere wieder ein=
mal nahe kam, schlug es mit den Hufen nach ihm aus, so daß er sich sehr vor
ihm in Acht nehmen mußte. Die Maulthiere schienen sehr tückischer Natur zu
sein, gar nicht so gutmüthig wie viele Pferde. Sie gehen aber mit ihren kleinen
Hufen vorsichtig und suchen sorgsam jede Stelle aus, auf die sie treten wollen.
Ihre Ohren sind so lang wie beim Esel, die Thiere sind aber größer und
schlanker gebaut als dieser.

Anfänglich war ich etwas bange, als ich auf dem Thiere saß und dieses
den Weg steil von Karthaus hinabstieg. Ich mußte mich dabei weit zurück=
biegen und festhalten. Nachher ward ich daran gewöhnt und es machte mir

viel Vergnügen. An der gegenüberliegenden Seite des Thales sahen wir auf einen hohen Felsen den Ort St. Katharin. Dort bemerkte man auch eine helle Stelle am Berge, von welcher vor mehreren Jahren ein großer Felsen hinabgestürzt war.

Als wir nachher an der Ruine der Burg Iufal vorbeikamen, wehte uns die Luft ganz warm aus dem Thale der Etsch entgegen. Die Sonne schien sehr heiß — es war Mittag — so daß wir unsre Röcke auszogen und nun fast auch so aussahen wie unser Maulthiertreiber. Es kam uns die Wärme um so auffallender vor, weil wir die Tage vorher zwischen Eis und Schnee droben im Hochgebirge gewesen waren.

Nun trafen wir aber auch an der Bergseite dicht am Wege Maulbeerbäume und große Walnußbäume, edle Kastanien und zuletzt Weinlauben. Die Trauben waren fast reif und hingen mir beinahe in den Mund, als ich darunter hinweg ritt. Am Wege standen auch schon Blumen, die eigentlich in Italien einheimisch sind: italienisches Leinkraut, gelbblühende Hauhechel und schöne goldgelbe Schafgarbe mit filzigen Blättern. Es war mir zu Muthe, als ob wir schon nach Italien kämen.

Wir gelangten nach Staaben und hielten Mittagsrast. Der Maulthiermann fütterte seine Thiere, schirrte eins davon an und spannte es an ein Wägelchen, um uns darin nach dem schönen Meran zu fahren. Er erschien völlig verwandelt und hatte sich ganz stattlich angezogen. Der saubere Hut, den er jetzt trug, hatte keine Krateröffnung. Wir begegneten mehrere Mal Lastwagen, welche von Maulthieren gezogen wurden. Die Thiere waren gewöhnlich eins hinter das andere gespannt und bildeten zu drei oder vier eine lange Reihe. Dazu waren sie mit Fliegendecken, Trotteln, Tuchläppchen und Messingschellen stattlich aufgeputzt.

Der blaue Himmel und die grünen Weinberge, die Maisfelder, die Gärten mit Blumen und alle Leute, welche uns begegneten, sahen mir so lustig aus, daß ich wol hier wohnen möchte; dann müßtet Ihr natürlich aber Alle auch mit sein bei

Eurem

Hermann.

Weinhüter und Winzer in Südtyrol.

38.

Tyroler Wein.

Setze dich zu mir in die schattige Weinlaube und ruhe aus von der mühseligen Wanderung auf der staubigen, heißen Straße und auf dem steilen, holprigen Bergpfade. Hier bietet die hölzerne Bank einen angenehmen Sitz. Auf den Tisch vor uns stellt der freundliche Wirth Brod und Wein und für dich die ersten blauen Fruchttrauben, die sein Garten erzeugte. Die breiten Blätter des Weinstockes wehren dem stechenden Sonnenstrahl. Der kühle Wein erquickt das Herz, macht uns fröhlich und unsre Augen wacker!

So weit der Blick reicht, siehst du das freundliche Grün des edeln Gewächses. Ein Laubengang reihet sich an den andern. Die Reben sind an Spalieren (Pontainen) emporgezogen und wölben sich oben zu halben Lauben. Die offene Seite des Bogens kehrt sich der Sonne zu. An den Gitterwänden breiten sich die glänzenden Blätter zu einem grünen, saftigen Teppich. Die Trauben hängen frei herab, dem Strahle der Sonne ausgesetzt. Der ganze Weingarten ist eine Werkstatt voller lebendiger Wesen; jeder Rebstock ist ein Arbeiter im Laboratorium.

Soll ich dir die Geschichte des Weinberges erzählen, während du eine saftige Beere nach der andern vom Stiele lösest und dich an ihrer Süßigkeit labest? Wohlan, so höre!

Der mächtige Arbeiter der Unterwelt, Pluto nannten ihn die Alten, schmolz die Gesteine. Sein Vetter Vulkan, der Schutzpatron der rußigen Schmiede, half ihm dabei. Die Erde zerbarst und Berge wurden geboren. Porphyrfelsen stiegen an's Licht und Basalte quollen hervor. Sie hoben die kalkigen, sandigen und thonigen Schichten der aufgelagerten Flötze. Allmälig verkühlten sie und erstarrten.

Die leichten Gesellen der Luft: Licht und Wärme, Frost und Regen, begannen ihr Werk. Sie zerbröckelten den harten Felsen, zerklüfteten den unbehülflichen Steinblock. Diesen arbeiteten sie zu einer natürlichen Burgruine aus, jenen zu einer riesigen Säge und dem andern fertigten sie eine lange, lustige Nase. Die Luftgeister und die Wasserelfen sind die Bildhauer und Künstler im Gebirg.

Das Wichtigste aber bei ihrer Arbeit sind die Abfälle, der Schutt. Sie versetzen und verbinden das Gestein mit mancherlei Stoff, machen es mürbe und bröckelig, mischen Blätter und Wurzeln verrotteter Pflanzen dazu, gelegentlich auch kleine gestorbene Insekten, und geben so dem Berggehänge eine Lage von Ackererde. Diese ist die Arbeit von Jahrtausenden. — Ein Freund der Felsen würde ein Klagelied anstimmen: „Die Felsen sind zerstört, die festen Steine sind zerbrochen, die Starken im Lande sind zerfallen zu Staub! Es steht nichts fest auf Erden!" — Der Weinbauer erwiedert ihm aber frohlockend: „Wohl uns, daß es so ist! Der harte Felsen ist unfruchtbar. Nur der verrottete Schutt, nur die mürbe Humusdecke können Gewächse hervorbringen, welche den Menschen ernähren und ihn fröhlich machen!"

Es kam der Mensch herzu und grub den Boden tief um, las die Steine heraus und schichtete sie ringsum auf zur Schutzwehr gegen das Wildwasser. Er legte Terrassen am Berge an, damit der strömende Regen die lockere Erde nicht thalwärts entführe, und theilte den Boden in Beete von Klafterbreite. Dann legte er junge Rebstöcke mit zahlreichen Wurzeln in den Grund und errichtete für sie hohe Spaliere. Vom edlen Kastanienbaum nahm er das Holz,

schnitt Pfosten daraus und richtete sie senkrecht auf zu tüchtigen Trägern. Die
dünnern Stangen der Fichte befestigte er dann schrägüber zu Gitterwerk. An
dem Spalier stiegen die sprossenden Reben empor, klammerten sich mit den
Wickelranken an ihnen fest und gediehen erfreulich.

Von den Bergen herab leitete der Weinbauer das erquickende Wasser und
tränkte die Beete. In den tiefer gelegenen Weingärten ließ er das erquickende
Naß durch Schöpfräder aus dem Flusse emporheben und in Rinnen nach den
Beeten führen.

Zwischen den Rebenwänden pflanzte er Mais, Gemüse und Futterkräuter
für's Vieh. Er entnahm demselben Boden doppelte und dreifache Ernte.
Brod und Wein wächst aus demselben Gelände.

Ein wunderbarer Arbeiter ist aber der Weinstock. Aus dem kleinen bein=
harten Samenkorn wachsen die Wurzeln nach unten tief, tief in den Grund.
Sie saugen aus dem zersetzten Gestein vielerlei Stoffe, trinken Thau und
Regen und die zugeleitete Flut und führen sie aufwärts zur emporsprossenden
Rebe. Außen umkleidet sich diese mit unscheinbarer, graubrauner Rinde, die in
Fetzen herabhängt, gleich dem Gewand eines Bettlers. Dann sprossen die
schön getheilten, fünflappigen Blätter und die grünenden Ranken, welche sich
anklammern wie Hände. Siehe, dort unten neben dem Hause des Winzers klet=
tert ein Weinstock hoch hinauf bis zum Gipfel des Walnußbaumes, seine Reben
umspinnen das dunkle Grün wie helle Guirlanden!

Im Weingarten verschneidet der Winzer jährlich die Reben, ehe die von
Filz überzogenen Knospen sich öffnen. An jeder läßt er nur ein kurzes Stück
mit wenigen Knospenaugen stehen, damit diesen die ganze Nahrung der Wur=
zeln zu Gute komme und ihre Früchte um so reichlicher und herrlicher werden.
Aus demselben Saft bauet der Weinstock die schönen, fünftheilig zerschnittenen
Blätter, dann auch die Blüten. Diese bilden zierliche Trauben. Unmerklich
klein ist der Kelch, die fünf Blumenblättchen bleiben mit den Spitzen zu einem
Mützchen verbunden, das sich ablöst und abfällt. Unscheinbar grünlich ist
ihre Färbung, desto zarter aber und herrlicher der feine Duft, den sie aus=
strömen. Den meisten Fleiß wendet der Rebstock auf die Bildung der saftigen
Frucht. Die Beeren schwellen und färben sich; ihr Inneres strotzt von Saft.
Zunächst sind sie scharf sauer wie Essig, allmälig wird aber das Saure zum
Süßen, der Essig zum Zucker.

Soll ich dir die Sorten alle aufzählen, welche der Weinbauer in Südtyrol
zieht? Es sind ihrer viele: Terlaner, Siebeneichner, Girlaner, Eppaner,

Traminer, Kalterer, Aichholzer, Schwarzwälsche und Weißwälsche, Pfeffer-
traube und Zapfenbeere und manche andere. Jede ist ein wenig verschieden im
Geschmack, in Farbe und Form; jede giebt ein anderes Getränk.

Da, wo der Weinstock üppig gedeiht, darf der Landmann auch zahlreiche
andere edle Gewächse pflanzen und auf einen günstigen Erfolg seiner Arbeit
hoffen. So bemerken wir bei einer Umschau im Weingarten nicht nur den
reichlich tragenden Mais, sondern auch Mandelsträucher und Pfirsichen mit
den köstlichsten Früchten, und Feigenbäume, die hier nicht während des Winters
in den Schutz eines Hauses flüchten müssen. Ja, es kommen hier bereits einzelne Oelbäume, Citronen und Orangenbäume im Freien fort, während Wal-
nuß und echte Kastanien in ihren mächtigen Stämmen bezeugen, wie gut ihnen
hier der Boden und vor Allem die Witterung zusagt. Sie alle bilden den reizenden Hofstaat der Weinrebe, diese aber ist die Königin, welche sich zwar nicht
durch äußere Pracht, wol aber durch das auszeichnet, was sie erzeugt.

Und was arbeitet zuletzt noch der Wein, wenn er gekeltert und abgegohren
zum Genuß fertig ist! Vertreibt er nicht alle Müdigkeit dir aus den Gliedern
und alle Verdrossenheit aus dem Geiste? Ist es nicht, als ob die Sonne jetzt
noch einmal so schön leuchte und die Luft wonniger und milder uns umsäuselte!
Das ganze weite, weite Thal mit allen Dörfern und Weilern, Kirchen und
Kapellen, Klöstern und Burgruinen jubelt uns entgegen, selbst die weißen
Schneehäupter des Similun und seiner Genossen nicken so lustig zu uns herüber, daß uns die ganze Welt vorkommt wie eine einzige liebe Familie, zu der
wir auch mit als Brüder gehören.

Bringe das letzte Glas vom Traubensafte dort dem müden Wanderer, der
mühsam mit schwerer Bürde den Bergpfad hinaufkeucht, damit seine Last ihm
leichter werde. Der Wein, das Kind des Berges, hilft auch Berge besiegen!

39.

In Bozen.

———

Hermann an seinen Bruder Karl.

Lieber Karl!

Von Meran nach Bozen sind wir im Omnibus gefahren, den man hier Stell=
wagen nennt. Der Weg ging fortwährend zwischen Weingärten mit Weinlau=
ben, Maulbeerbäumen, Walnußbäumen, edlen Kastanien und Feigenbäumen
hindurch, welche im freien Lande standen und über die Straße herüber hingen.
Der Winter ist hier im Thale so wenig kalt, daß alle diese Bäume ihn über=
stehen, ohne zu erfrieren. Es sollen auch einzelne Oelbäume hier sein, ich habe
aber keinen davon gesehen; dagegen waren in den Hecken oft Sträucher von
Sanddorn mit Blättern, die wie Silber glänzten, und an den Ufern der Bäche
standen Tamarisken mit rosenrothen Blüten.

Es weht hier herein die warme Luft von Italien und die hohen Berge
im Norden halten die kalten Nordwinde ab.

Jetzt befinden wir uns in Bozen im Gasthaus zum Adler, am Obstmarkt,
wo es uns recht gut gefällt. Es ist eine Hitze hier, wie ich sie noch nie er=

lebt habe. Es ist deshalb ganz hübsch, daß die Straßen eng sind und Schatten geben. Vor den meisten Fenstern sind Jalousieläden, die recht hübsch aussehen. Viele Fenster habe ich aber auch gesehen, in denen gar kein Glas, sondern nur Eisenstäbe waren. An den Häusern unten sind oft Säulenhallen, welche man Lauben nennt. In diesen befinden sich die Verkaufsläden und die Werkstätten. Die Leute arbeiten mitunter halb auf der Straße.

Auf dem Obstmarkt vor unserm Fenster liegen ganze Haufen Pfirsichen, Feigen, Pflaumen und Birnen und auch reife Trauben. Ich habe hier Feigen gekauft, zwei Stück für 1 Kreuzer; eine kostet also 1 Pfennig. Wenn sie nicht verderben, bringe ich Dir ein Paar davon mit, ebenso einige Pfirsichen.

Vor die Wagen sind hier oft Ochsen gespannt. Man hat sie mit den Hörnern an ein gebogenes Joch gebunden, das an der Deichsel befestigt ist. Die Deichsel ist vorn noch ein gutes Stück länger und hier faßt der Mann an, um den Wagen zu lenken. Auf dem Markte vor unserm Fenster laufen die Leute durcheinander, wie die Ameisen in einem Ameisenhaufen: Arbeiter in bloßen Hemdärmeln, ungarische Soldaten mit Hosen, die unten ganz eng sind, auch Soldaten von einer österreichischen Raketenbatterie, welche hier liegt, dann Handwerker, Landleute u. s. w.

Am Nachmittage gingen wir auf den Kalvarienberg, der dicht bei der Stadt ist. Wir hatten von demselben eine sehr schöne Aussicht. Wir kamen an einer prächtigen Kirche vorbei. Vor dieser knieten Leute und beteten. Es befinden sich hier auch im Freien viele Heiligenbilder, Kruzifixe und Bettäfelchen. Am Kalvarienberge gab es vielerlei Gewächse, die bei uns nicht sind und welche schon Italien angehören. Neben dem Wege liefen häufig große grüne Eidechsen. Sie waren sehr schnell und konnten außerordentlich gut klettern. Ich habe keine davon fangen können, denn sie liefen an den steilen Felswänden hinauf, als ob sie auf dem ebenen Boden wären. In den Büschen machten die Cikaden viel Lärmen. Es war ein fortwährendes Zirpen.

Am Abend war es noch immer warm, wir schliefen deshalb bei offenen Fenstern. Auf dem Markte blieben sogar einige Männer auch in der Nacht auf der Erde liegen und schliefen dort an den Seiten der Häuser.

Von hier aus wollen wir weiter auf der Straße nach Brixen fahren bis nach Am Steg und dann auf die Seiser Alp steigen. Da der Kutscher schon angespannt hat, muß ich meinen Brief schließen und grüße Dich als Dein

Bruder Hermann.

40.

Die Gottesanbeterin.

An den sonnigen Hügeln und Bergabhängen von Südtyrol wachsen mancherlei schöne Gesträuche, dazwischen vielerlei hübsche Blumen und Kräuter. Auf diesen leben vielerlei Insekten: solche, die Blätter und Knospen verzehren; andere, die Honig aus den Blüten naschen, und solche, die von Früchten schmausen. Dazwischen giebt es aber auch andere, die das kleine pflanzenfressende Gethier wegfangen wie kleine Wölfe und Tiger, damit dessen nicht gar zu viel werde und es zuletzt Baum und Strauch kahl fresse und zerstöre.

Hier auf dem blühenden Zweig des Granatbusches sitzt ein sonderbares Wesen, eine Fangheuschrecke. Es ist so lang wie dein kleiner Finger und dabei nicht viel dicker als ein starker Strohhalm. Den hintern Theil seines Körpers trägt es wagerecht. Er ist von vier schmalen Flügeln bedeckt, die weißlich aussehen und bräunliche Spitzen haben. Der Leib des Thieres ist hellgrün wie das Blatt der Granaten, und du mußt scharf aufmerken, wenn du es in seinem grünen Verstecke entdecken willst.

Die Brust der Fangheuschrecke ist ganz merkwürdig gestaltet. Das vordere Stück derselben ist schmal und so lang wie die Hälfte des übrigen Körpers. Das Thier trägt dies vordere Stück aufrecht, als ob es ein Männchen mache, wie ein Kaninchen, das sich den Bart putzt. An dem wagerechten Theile der Brust sind die vier Flügel und auch vier lange, dünne Beine, mit denen die Fangheuschrecke laufen und hüpfen kann, wie sein Vetter, das Graspferd. An dem aufgerichteten Bruststück hat es noch zwei andere Beine, die es emporhält, als hätte es dieselben zum Beten gefaltet. Die Leute in Tyrol nennen das Thier deshalb auch Gottesanbeterin; Andere sagen: Nein, es sieht aus wie ein Wegweiser.

Daß ein solches Thierchen auf seinem Zweig kein Gebet kennt, wie ein Menschenkind, weißt du schon selbst; wenn es aber aus dem Vaterunser Etwas beten würde, so möchte es wol die eine Bitte sein: „Unser täglich Brod gieb uns heute!“ Diese würde es den ganzen Tag wiederholen und vielleicht die Nacht hindurch auch. Sein Hunger ist groß, aber es hat auch einen Vater im Himmel, der für dasselbe sorgt. Für das Thierlein würde es aber mit der bloßen Bitte nicht genug sein, es muß auch arbeiten. Giebt Gott den Menschen die Kuh nicht am Horn, so giebt er der Heuschrecke die Fliege, von der sie lebt, nicht am Bein, — sie muß sie erst fangen. Zum Fange aber sind ihre vordern Beine ausgezeichnet gebaut, besonders die beiden vordern Glieder derselben. Das mittlere Glied ist sehr stark und kräftig und wird senkrecht emporgerichtet getragen. Auf seiner unteren Seite, die dann nach vorn steht, ist in der Mitte eine tiefe Furche. Zu beiden Seiten derselben stehen scharfe, harte Kanten hervor mit vielen spitzen Zacken, wie mit Zähnen besetzt. Das vorderste Glied paßt in die Furche des Mittelgliedes hinein, wie ein Einschlagemesser in's Heft. Es trägt an seiner untern schmalen Seite ebenfalls scharfe dornige Spitzen. Klappt das Thier diese beiden Fußglieder zusammen, so

Fangheuschrecke.

kann es ein gefangenes Insekt mitten durchschneiden. Ja, ein Naturforscher, der eine Fangheuschrecke lange Zeit in einem Glase hielt und fütterte, sah, daß sie sogar andere große Heuschrecken, junge Frösche und einmal selbst eine Eidechse, die dreimal länger als sie war, damit tödtete und nachher verzehrte. Der Kopf der Fangheuschrecke ist nur klein, hat aber am Maul tüchtige Freßzangen mit scharfen Zähnen, oben zwei lange, dünne Fühler, zwei sehr große zusammengesetzte und drei kleinere einfache Augen.

Der Leib der Fangheuschrecke ist zwar nur dünn, aber es wohnt ein großer Hunger darin! Der weckt schon am frühesten Morgen das Thier und ermahnt es ernstlich, nach Speise umzuschauen. Es ist ihm nicht leicht gemacht, satt zu werden. Die Fliegen, Käfer und Schmetterlinge haben es darin viel bequemer: sie trinken süßen Saft von Blumen und Sträuchern, ihre Raupen verzehren die grünen Blätter; Blumen und Blätter laufen nicht fort, sie lassen sich ruhig verspeisen. Grünes Gemüs bekommt der Fangheuschrecke nicht, sie kann nur von anderm Gethier satt werden. Das hat aber gute Augen, schnelle Beine und Flügel, und kann sich im Nothfall auch noch vertheidigen. Da gilt es scharf aufmerken und listig heranschleichen, flink zufassen und tapfer kämpfen, wenn's nicht gehungert sein soll, — und Hunger thut weh!

So sucht sich denn die Fangheuschrecke ein geeignetes Plätzchen zwischen den Blättern aus, an dem sie von den Fliegen nicht leicht entdeckt wird, während sie selbst Alles genau sieht. Hier lauert sie auf einen Fang, wie ein Tiger auf Beute. Mancher fette Braten schnurrt ihr dicht am Munde vorbei, ohne sich fassen zu lassen. Drunten springt wol gar eine flinke Eidechse, die nicht übel Lust hat, die Heuschrecke droben selbst zu verzehren. Manches Stündchen vergeht und noch hat das Thierlein kein Frühstück genossen. Jetzt endlich läßt sich eine große Fliege vorn auf dem Zweigende nieder, um auszuruhen. Sie hat von den reifen Trauben genascht und allerlei Beeren verkostet. Wer weiß, wo sie ihre Eier unterbringen will, und was die ausschlüpfenden Maden dann für Unheil anrichten würden — wenn nicht die Heuschrecke dazwischen käme! Diese schleicht aber behutsam Schritt für Schritt der ruhenden Fliege näher, die sich im behaglichen Sonnenschein wärmt und mit den Beinen den Staub von den Flügeln putzt. Jetzt dreht sich die Fliege herum, so daß sie die Heuschrecke sehen kann, wenn sie aufpaßt. Wie verzaubert bleibt diese unbeweglich stehen. Die Fliege merkt nichts, vielleicht hält sie das lauernde Thier für ein Blatt oder ein Zweigendchen. Jetzt wendet sich die Fliege wieder nach der andern Seite und die Heuschrecke marschirt eben so schnell als vorsichtig wieder näher. Endlich ist sie nahe genug, — ein Sprung und ein sicherer Griff — die Fliege ist gefaßt und getödtet, das Frühstück verdient und bald darauf verzehrt. Für's Mittagsbrod wird dann auch schon Rath werden! Der die Raben im Walde speist und die Adler im Hochgebirg, er sorgt auch für die Heuschrecke im Busch — wenn sie selbst ihre Arme gebraucht, gut aufmerkt und wacker zugreift!

41.

Edle Kastanien.

Heute mußt du einmal ein wenig still halten und eine gelehrte Untersuchung des edlen Kastanienbaumes mit ausführen helfen. Du hast Wein und Feigen, Pfirsichen und andere Herrlichkeiten so vielfach gehabt, daß du auch ein Stückchen ernsterer Wissenschaft mit in den Kauf nehmen kannst.

Daheim wächst an den Promenaden der Stadt und in den Gärten die Roßkastanie in mehreren Arten. Am gewöhnlichsten ist die weißblühende mit gelben und rothen Tüpfelchen, dann kommt aber noch eine rothblühende Art vor und hie und da auch eine gelbblühende. Bei allen diesen drei Sorten sind die Blätter zu fünf bis sieben beisammen an demselben Stiele, wie die Finger an einer Hand. Die Blüten bilden schöne Trauben und stehen senkrecht auf den Zweigen, gerade wie kleine Blumenpyramiden oder wie Lichter auf dem Christbaum.

Die edle Kastanie, unter deren Schatten wir uns hier niedergelassen haben, ist ein ganz anderes Gewächs. Es ist in seinem Blatt- und Blütenbau nicht im Entferntesten mit der Roßkastanie verwandt, sondern vielmehr mit der Eiche und Buche. Sie bildet einen kräftigen, schönen Baum mit starkem Stamm. Im Wuchs ähnelt er etwas der Rothbuche. Die Blätter stehen abwechselnd einzeln an den Zweigen entlang. Jedes ist eine Spanne und darüber lang, dabei zwei bis drei Finger breit. Die Blätter sind lederartig fest, schön glänzendgrün und am Rande dornspitzig gesägt.

Die edle Kastanie hat zweierlei Blüten, gerade wie Buche und Eiche auch haben, nämlich Staubblüten und Samenblüten. Die Staubblüten hängen als handlange, dünne Kätzchen aus den Blattwinkeln herab und sehen unansehnlich grünlich aus. Sobald sie den Blütenstaub zum Befruchten der Samenblüten ausgestreut haben, fallen sie ab. Die Samenblüten sind noch unansehnlicher

als die Staubblüten.   Ihre Narben haben zwar eine rothe Färbung, sie sitzen
aber nur in kleinen, stacheligen, grünen Becherchen am Grunde der Staubblü=
tentrauben, ähnlich wie die Samenblüten der Eichen und Haselnüsse.

Nachdem die Staubblüten abgefallen sind, werden die Samenblüten all=
mälig größer.   Ihre rothen Narben verwelken, die Samen aber und die Um=
hüllung derselben wachsen und erlangen bis zum Okto=
ber ihre völlige Reife. Die äußere Samenhülle, der Becher, ist ähnlich wie bei
der Rothbuche, mit Stacheln besetzt, nur sind dieselben bei der Kastanie zahlreicher,
feiner und stechend scharf. Die reifen Kastanienfrüchte sehen fast aus wie kleine
Igel. Die Fruchtbecher rei= ßen bei der Reife unregel= mäßig in mehrere Theilen
auf. In jedem sind zwei oder drei Samen: die Ka= stanien oder Maronen.
Diese haben in Größe und Farbe Aehnlichkeit mit den Samen der Roßkastanien,
oben endigen sie aber in einem Spitzchen, auf wel= chem ein Büschelchen feiner
Haarborsten steht.

Zweig von edler Kastanie.

a. Staubblüten, natürliche Größe; a'. eine derselben vergrößert.
b. Samenblüte in natürlicher Größe; b'. dieselbe vergrößert; c.
die aufgesprungene Frucht mit den Samen; d. ein Samenkorn (Ka=
stanie) aus derselben; in ⅔ der natürl. Größe; e. ein Zweig, mit
Blättern um die Hälfte verkleinert.

Die Samen der Roßkastanie schmecken bitter und herbe. Sie sind für die
Menschen ungenießbar. Bei Krankheiten der Pferde sollen sie als Arznei ange=
wendet worden sein, daher soll der Baum den Namen Roßkastanie erhalten haben.
Die echten Kastanien dagegen schmecken geröstet süß und mehlig. Es giebt auch
von ihnen verschiedene Sorten, sowie man verschiedene Arten Aepfel, Birnen,
Kartoffeln u. dgl. hat. Solche Kastaniensorten, deren Früchte sich durch Wohl=
geschmack und Größe besonders auszeichnen, vermehrt man in den Pflanzungen

durch Pfropfen, ganz in ähnlicher Weise, wie die bessern Obstsorten auf geringere Stämme übertragen werden. In manchen Gegenden Italiens bereitet man aus den Maronen Mehl und verwendet dasselbe zu allerlei Speisen und Backwerk. Die edeln Kastanien haben deshalb für die ärmern Bewohner mancher Landschaften Südeuropa's dieselbe Wichtigkeit, wie bei uns für viele Leute die Kartoffeln. Ein Kastanienwald ist daselbst einem Getreidefelde vergleichbar, während die bei uns gewöhnlichen Roßkastanien nur dem Borstenvieh Nahrung liefern. Bei uns sind der edlen Kastanie die Winter zu kalt und sie wächst nur an geschützten Stellen als Zierbaum.

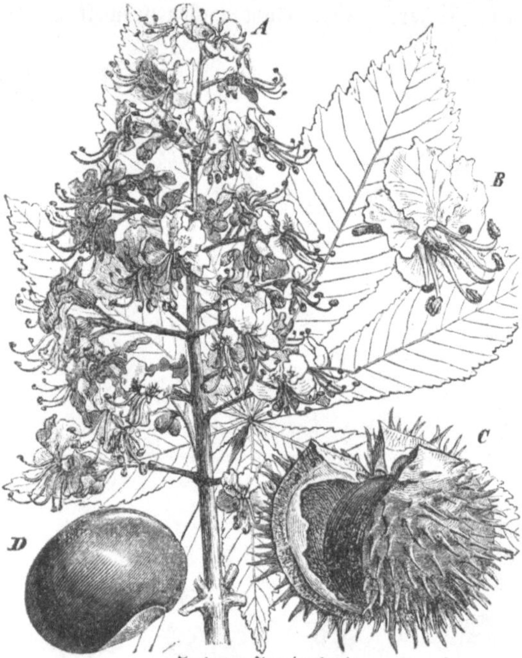

Das Holz des Kastanienbaumes ist als Bau- und Nutzholz sehr geschätzt, da es die Nässe gut verträgt. Man wendet es deshalb gern da an, wo es dem Wetter ausgesetzt ist. So macht man die Pfeiler der Weinlauben (Pontainen) in den Weingärten stets aus Kastanienholz. Als Brennholz taugt es dagegen nichts.

Zweig von Rosskastanie.

A. Blütentraube in halber Größe; B. eine einzelne Blüte in natürlicher Größe; C. die aufgesprungene Fruchtkapsel; D. ein Samenkorn aus derselben in halber Größe.

Bei einer Rast unter dem Schatten der edlen Kastanie ist in den heißen Thälern des Südens ein wenig Vorsicht am rechten Orte, denn gerade das Wurzelgeflecht der Kastanien, das sich an der Oberfläche des Bodens hin ausbreitet, ist ein Lieblingsaufenthalt des giftigen Skorpions, der sich dort während des Tages verbirgt.

42.

Wiesenbewässerung.

Hermann an seinen Bruder Karl.

Lieber Karl!

Zwar habe ich Dir schon einmal von den Alpen=
wassern erzählt, ich muß Dir aber noch Etwas davon mittheilen, was uns ge=
rade hier in Südthyrol sehr auffällt!

Mitunter macht des en Leuten hier große Noth, weil sie zu viel Wasser
haben, und ein andermal haben sie wieder Noth, weil es an Wasser fehlt.
Manche Gebirgsbäche und Flüsse, z. B. die Passer, die bei Meran in die
Etsch fließt, auch die Etsch selber, schwellen gelegentlich so stark an, daß sie
ringsum Alles überschwemmen und arge Verwüstungen anrichten. An ihrem
Ufer entlang führte man mit großen Kosten feste Dämme auf und doch sind diese
nicht immer ausreichend.

Bei unsern Fußwanderungen sind wir aber auch wieder über Wiesenflächen
an Bergabhängen gekommen, die von der heißen Sonne ganz gelb gesengt und
verdorrt waren, weil es ihnen an Wasser fehlte. Der Rasen war dadurch so
glatt geworden, daß man leicht darauf ausglitt.

Wo ein Bächlein aus dem Gebirge kommt, wird es von den Leuten sorgsam in Gräben nach den Bergwiesen geleitet. Hat es nun eine Zeit lang nicht geregnet und es wird nöthig, die Wiesen zu bewässern, so sticht man Oeffnungen in den Grabenrand und das Wasser rieselt dann nach allen Seiten über die Matten herunter, natürlich auch über die Fußwege, die darüber führen. Wir hatten einmal das Vergnügen, gerade an einem Bergabhange hinab zu marschiren, den die Leute bewässerten, da haben wir länger als eine Viertelstunde immer im Wasser patschen müssen und mußten noch froh sein, wenn es uns nicht in die Schuhe hinein lief.

Wir haben Wasserleitungen gesehen, die auf hohen Pfeilern und an Felsenwänden entlang über Abgründe hinweg das Wasser nach den gegenüberliegenden Hügeln brachten. Solche Bergwasser gehören sogar manchmal bestimmten Personen und werden gelegentlich an Andere verkauft, wie bei uns ein Haus oder ein Feld. Wer daraus sein Wiesenland bewässern will, muß dem Wasserbesitzer dies besonders bezahlen. Es wurde uns erzählt, daß mitunter 3 bis 4 Gulden bezahlt werden, wenn aus einer Oeffnung von einem Quadratfuß das Wasser eine Stunde lang auf die Wiesen gelassen wird. Jene Wasserverpachter haben aber auch die Wasserleitungen immer in Stand zu erhalten. Mitunter wird auf diese Weise ein Bach so auf die Wiesen und Matten vertheilt, daß sein Wasser gänzlich verbraucht wird und sein gewöhnliches Bett fast ganz leer ist.

An der Eisack helfen sich die Thyroler auf andere Weise. Sie bringen am Ufer dieses Flusses Schöpfräder an; dies sind große Wasserräder, ähnlich wie bei unsern Mühlen, nur stehen sie ein wenig schräg im Wasser und sind mit einer Anzahl Schöpfkästen versehen. Der Fluß fließt rasch und treibt die Räder um, dabei füllen sich die Kästen mit Wasser, werden in die Höhe gehoben und beim Niedergehen ausgeschüttet. Das ausfließende Wasser ergießt sich in hölzerne Rinnen, kommt aus diesen in Gräben und so auf die Felder und in die Weingärten. (Siehe die Abbildung S. 153.)

Das Quellwasser ist hier gewöhnlich so klar und schön frisch, daß es eine wahre Lust ist, davon zu trinken. Es schmeckt mir viel besser, als das von unserm Brunnen daheim. Der thyroler Wein schmeckt zwar auch recht gut, er macht aber beim Wandern immer noch mehr Durst, und deshalb ist mir das Wasser noch viel lieber. Freilich muß man sich dabei in Acht nehmen, daß man sich nicht erkältet, gerade weil es so frisch ist. Wenn es sich verschicken ließe, würde Dir eine Probe davon mitsenden   Dein

Hermann.

43.

Die Singcikade.

Die Sonne scheint heiß, die Luft ist schwül, der weiße Fels blendet im grellen Licht. Der Schatten des Gebüsches ladet zur Ruhe ein. Die Bäume und Sträucher hier im Süden Tyrols sind großentheils andere als bei uns im Norden. Zwar sprossen hier am Berge Schlehen und Weißdorn, daneben aber steht auch schon mancherlei Gewächs, das bereits dem Gebiet des Mittelmeeres angehört.

Die Eiche, welche hier wächst, ist keine norddeutsche, es ist die sogenannte „weichhaarige." Ihre Blätter sind härter, diejenigen der obern Sprossen sind viel schärfer und vielfältiger zerschnitten.

Daneben steht die Hopfenbuche mit den sonderbaren Fruchtbüscheln, die ganz an die Zapfen des Hopfens erinnern. Dann begrüßen wir hier den Zürgelstrauch mit seinen zähen, elastischen Zweigen, welche die biegsamen tyroler Peitschenstiele liefern; dann folgt der Walnußbaum und die edle Kastanie. Auch kleinere Sträucher, ehedem in den Gärten und in den Hecken gepflegt, verwildern hier: so duftet dicht am Wege die zierliche Myrte, daneben öffnet die Granate ihre feurigen Blüten und reift ihre Aepfel.

Das Gesträuch, in dessen Schatten wir ruhen, besteht aus Steineschen. Die Blätter derselben haben mit unsern nordischen Eschen viel Aehnlichkeit, die Blüten dagegen, welche die Steineschen im Frühlinge tragen, sind mit Blumenblättern versehen und duften angenehm.

Welch ein Konzert läßt sich rings um uns hören! Schon aus ziemlicher Ferne, ehe wir in die Nähe des Gebüsches kamen, hörten wir die sonderbare Musik. Sie klang uns beinahe wie das Rauschen eines entfernten Wasserfalles. Je näher wir kamen, desto deutlicher unterschieden wir einzelne Laute. Jetzt zirpt es links, jetzt rechts, jetzt dort vorn, dann in dem Gebüsch hinter uns. Einmal singen deutlich einzelne Stimmen, hierauf folgt ein Zweigesang, endlich der volle, vielstimmige Chorus. Der Gesang besteht aus einer großen Anzahl metallisch klingender, schwirrender Töne und endigt gewöhnlich mit einem so sonderbar langgezogenen „Aeh!" daß wir hell auflachen mußten, als wir es zum ersten Male deutlich hörten. Wir sitzen mitten in einer Schaar Singcikaden (Cicada plebeja), ohne einen einzigen der kleinen Sänger zu sehen. Nur erst bei genauerem Nachspüren entdecken wir die lustigen Musikanten in ihren Verstecken unter den Blättern der Eschen. Die Musik hat etwas Aehnlichkeit mit dem Zirpen der Grillen und Heimchen, ist aber lauter und schärfer als dieses. Wir vermuthen deshalb ein Wesen zu finden, das auch in seiner Gestalt mit unsern einheimischen Feldgrillen und Heuschrecken Aehnlichkeit hat. Behutsam schleichen wir nach der Stelle hin, von welcher eben jetzt ganz nahe ein lautes Singen erklingt. Dort sehen wir ein Thier, das einer breitgedrückten, sehr großen Fliege ähnlich sieht. Es ist

Sing-Cikade. (Natürl. Gr.)

das Weibchen, welches singt, gerade umgekehrt also wie bei den Singvögeln, bei denen die Männchen die beste Musik machen. Drei, vier Cikadenmännchen sitzen in einer Reihe dicht hinter dem Weibchen, das beim Singen mit dem Hinterleib schnell auf und ab schwingt. Sie hören ihm höchst andächtig zu.

Wir nehmen unser Fangnetz zur Hand, um den kleinen Musikanten erhaschen und in der Nähe besehen zu können. Sowie wir aber das Netz heben, merkt auch die Cikade ihren Feind und schwirrt schnell mit lautem Geschrei davon. Ein günstiges Ungefähr und ein glücklicher Zug bringt sie aber dennoch ins Netz. Jetzt stößt die Cikade rasch nach einander zahlreiche Töne aus, denen ganz ähnlich, wie sie ein gefangener junger Sperling hören läßt. Nachdem sie sich von ihrem Schrecken etwas

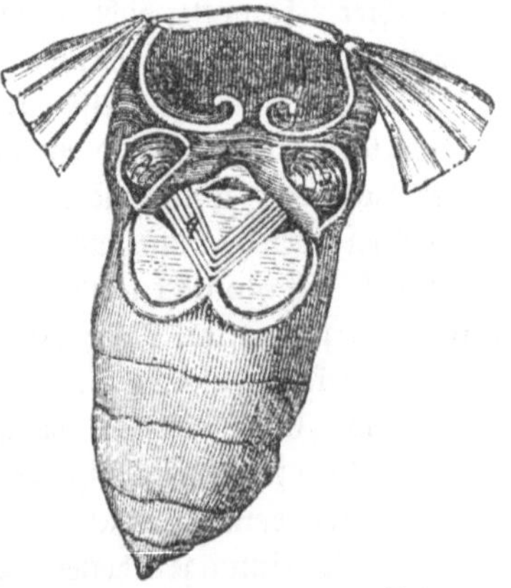

Singwerkzeuge derselben. (vergrößert.)

erholt hat, können wir das sonderbare Geschöpf in aller Muße betrachten. Wollen wir sehen, wie es die Musik hervorbringt, so brauchen wir es nur ein wenig am Bauche zu kitzeln.

Die Singcikade ist länger als ein Fingerglied (1¼ Zoll) und trägt vier flachliegende, glashelle Flügel. Der Kopf ist nur kurz und breit, mit einem Stachel bewaffnet, vor dem wir aber uns nicht zu fürchten brauchen. Das Interessanteste an dem Thiere ist das Instrument, mit dem es Musik macht. Zunächst denken wir etwa, es singe mit dem Munde, wie der Vogel mit dem Schnabel, oder es reibe etwa mit dem Bein an dem Flügel, wie es die Grille thut — keines von Beidem trifft zu! Die Cikade musizirt auf eine ganz andere Weise. Da, wo das Bauchstück ihres Körpers an die Brust anstößt, liegt an ersterem der Singapparat. Er fällt auf der Unterseite des Leibes schon als zwei weiße Flecke auf. Auf jeder Seite des Bauches ist eine kleine Höhlung. In jeder derselben liegt eine feine Haut, ein Trommelfell, das sich beim Athemholen des Thieres anspannt und wieder nachläßt. Die Höhlungen dahinter dienen zur Verstärkung des Schalles.

Nur die Weibchen der Cikaden haben, wie gesagt, dieses Musikinstrument. Ganz nach Belieben können sie mit demselben aufspielen oder schweigen. Am frühen Morgen begrüßen sie sich und erkundigen sich auf diese Weise gegenseitig nach dem Befinden, — dann singen sie sich den lieben langen Tag hindurch beim warmen Sonnenschein ihre lustigen Lieder ohne Worte vor. Sie sind guter Dinge, freuen sich heute nach Kräften und machen sich über Morgen keine Sorgen.

Mit ihrem scharfen Stachel erlegen die Cikaden wie das tapfere Schneiderlein im Märchen die Fliegen, wenn auch nicht „Sieben auf einen Streich", so doch eine nach der andern, wenn sie ihnen zu nahe kommen. Sie verzehren aber dieselben auch. Gelegentlich bohren sie auch mit dem Stachel in die jungen Zweige der Esche und trinken den Saft derselben. Der Saft der Steinesche ist süß und fließt aus solchen Verwundungen aus. Er gerinnt an der Luft zu festen Tropfen, die als Eschen=Manna gesammelt und an den Apotheker verkauft werden. Bitte dir in der Apotheke daheim etwas Manna aus und koste es. Du kannst es ohne Schaden verzehren. Es schmeckt süßlich, etwas ähnlich wie Honig und Zucker.

Die Weibchen der Cikaden besitzen am hintern Ende des Leibes ein künstliches Werkzeug, aus Stacheln und scharfen Sägespitzen bestehend. Mit diesem können sie in dürre Baumzweige einbohren und dort ihre Eier verbergen. Die kleinen Thierchen, welche aus den Eiern hervorschlüpfen, kriechen bald darauf aus den Zweigen hervor und wandern zur Erde hinab. In dieser finden sie ihren Unterhalt und ihr Logis. Dort drunten leben sie, bis sie sich mehrmals gehäutet und endlich eingepuppt haben.

Ist zuletzt die vollkommene Cikade wieder aus der Puppe geschlüpft, so schwirrt sie nach den Gebüschen und Bäumen empor und setzt im nächsten Sommer die Singstunde weiter fort, die im Spätherbst vorigen Jahres aufgehört hatte.

Außer der gemeinen Sing=Cikade, die, genau gemessen, 16 Linien lang und vorn 7 Linien breit ist, wohnen hier in den sonnigen Gebüschen noch zwei andere Arten desselben Geschlechts. Die eine derselben ist die Eschen=Cikade (Cicada Ornis); diese mißt nur 11 Linien in der Länge und 3½ Linien in der Breite. Ihr Gesang weicht etwas von dem beschriebenen ab und ähnelt mehr dem Geschrei eines Laubfrosches. Die dritte Art, die graue Cikade (Cicada haematodes), ist die kleinste von ihren Geschwistern und kommt auch seltener vor. Da sie ganz dieselbe Farbe hat, wie die Rinde der Eiche, auf welcher sie meistens sitzt, so wird sie leicht übersehen. Ihr Gesang hat die meiste Aehnlichkeit mit dem mancher Heuschrecken und gleicht einem rasch aufeinander folgenden Tick, tick, tick!

Die Dichter der Alten haben das Zirpen und Schwirren der Cikaden als einen Gesang gepriesen; sie haben dadurch dargethan, daß sie eben keine großen Anforderungen an eine Naturmusik stellten. Wir können uns nicht entschließen, in jenes Lob geradezu einzustimmen; hingegen gewährt das Zirpen im Freien immerhin eine Abwechselung neben dem Rauschen des Windes im Walde, neben dem Brausen des Bergstromes und neben dem Plätschern der Schöpfräder, welche erquickendes Naß zum Bewässern der Felder in die Gräben gießen.

Bewässerungsrad am Ufer der Eisack.

44.

Walnüſſe.

—

Der heftige Gewitterguß hat uns in das kleine Wirthshaus im einſamen
Dörfchen getrieben. Die Berge ringsum ſind in Wolken gehüllt. Der Regen
ſtrömt nieder. Das weite Thal iſt verſchwunden, wir ſehen kaum noch bis zur
nächſten Hecke. Gleich Gefangenen ſitzen wir im engen Stübchen. Das Stu-
bengeräth, die Bilder an den Wänden, die Jalouſieläden an den Fenſtern, die
Eiſenſtäbe dazu, die Sprache der Leute, ihre Tracht und ihr Treiben — Alles
muthet uns fremd an. Faſt könnten wir bei dem trüben Wetter Sehnſucht
nach Hauſe bekommen oder wenigſtens nach einem alten Bekannten, mit dem
wir ein wenig plaudern könnten von vergangenen Zeiten.

Was ſuchen wir lange! Steht nicht der prächtige Walnußbaum dicht an
dem Fenſter und ſchüttelt ſein glänzendes, duftendes Laub im Wetterguß, wie ein
muthwilliger Knabe ſich ſchüttelt unter der Brauſe des Regenbades! Sei gegrüßt, alter Freund, doppelt gegrüßt hier im fremden Land!

Walnüſſe und Lichterbaum, ſind ſie nicht liebe Genoſſen des langen Winters im kalten Norden, unzertrennliche Begleiter der heiligen Weihnachtszeit?

Weißt du noch, wie du zur Adventszeit in der Stunde der Dämmerung
aufmerkteſt, ob draußen ſich vor der Stubenthür Etwas regte? Ob die Thür
ſich plötzlich ein wenig öffne und durch die ſchmale Lücke ein polternder Regen
klappernder Walnüſſe hereintanze! Weißt du noch, wie ſie umherſprangen
auf Tiſchen und Stühlen und auf den Dielen entlang rollten bis unter den
Schrank und unter die Kommode im Winkel! Was war nun am eheſten zu
thun? Sollteſt du zunächſt nach den Schätzen greifen und mit den kleineren
Brüdern um die Wette die Reichthümer zuſammenleſen? — oder ſollteſt du

dem Forschereifer folgen und zuerst nach der Thür eilen und der segenspenden=
den Hand nachspüren, den vielbesprochenen Knecht Ruprecht draußen zu entde=
cken, ehe er die Treppe hinab wieder enteilt? So zwischen beiden Vorsätzen un=
schlüssig schwankend, standest du still. Währenddem entschlüpft der geheimniß=
volle Spender, Vorsaal und Treppe sind leer und hier haben die Brüder bereits
die Herrlichkeiten in den Taschen. Hätten sie nicht redlich mit dir getheilt, du
wärst leer ausgegangen!

Und nun zu Weihnachten selbst, wenn die Nüsse vergoldet und versilbert
am Baume neben den rothbäckigen Aepfeln und dem Zuckerwerk hängen, wie
hast du dir manchmal den Kopf zerbrochen über den Baum, der solcherlei Frucht
trägt! Ob er schon zu Adams Zeiten im Paradiese gestanden, oder erst vom
Christkindchen eigens gepflanzt und gepflegt worden sei?

Als du größer geworden, lauschtest du aufmerksam in der Woche vor
Weihnachten: ob im Marktkorb der Mutter oder in der Tasche des Vaters es leise
rraschele und der magische Klang die eingewanderten Walnüsse verriethe. Du
rechnetest dich schon zu den „Großen", als du zum ersten Mal die Erlaubniß
bekamst, den Baum mit anputzen zu helfen. Dir ward das Vergolden der
Nüsse zu Theil. Der Vater hatte bereits die Fadenstückchen mit tropfendem
Siegellack an dem dicken Ende der Nuß befestigt. Du tauchtest die braunen
Gesellen in die Tasse mit Wasser, tupftest sie dann auf das funkelnde Goldblatt
und drücktest mit dem Wattenbäuschchen den glänzenden Schmuck fest. So
lagen sie Haufen bei Haufen, kostbare Geschütze zum Freudenfeste, leuchtende
Sterne für die dunkele Tanne.

Zwischenein ward auch die eine oder die andre geschlachtet und als Vor=
geschmack künftiger Herrlichkeit zum Wohle Aller geopfert. Ein besonderes
Kraftstück war es dann, zwei Nüsse zusammen in die Hand einzuschließen und
die Schale der einen mit Hülfe der andern zu zerdrücken. War ein Neuling
dabei als Gast, so ward ihm die Aufgabe gestellt, eine tüchtige Nuß im Ellen=
bogengelenk zu zerbrechen. Während er nun vergeblich sich abmühete, vollführte
der Lehrmeister das Kunststück mit Leichtigkeit, legte eine Nuß zum Schein ins
Gelenk, zerbrach eine andere Nuß in der Hand mit Hülfe einer dritten und ver=
tauschte dann dieselbe geschickt mit jener im Ellenbogen.

Ward am Sylvester der Christbaum geplündert, wurden die Nüsse ver=
theilt und die Haufen mit Hülfe des dazwischen gelegten Messers: „Was willst
du, Schneide oder Rücken?" verloost, so begannen die Walnüsse ihre weiteren
Wanderungen und Wandelungen. Beim lustigen Spiele marschirten sie aus

einer Hand in die andere. Heute mußten sie sich zu Schnurren und Pfeifen=
köpfen verarbeiten lassen, morgen durch ein auf die hohle Schale gebundenes
Hölzchen und ein wenig Pech zu springenden Mäuschen werden. Dann wieder
rollten sie als Kanonenkugeln gegen die Bleisoldaten oder prasselten als Bom=
ben in die Festung, die aus den Steinen des Baukastens kunstgerecht aufge=
baut war.

Von Tag zu Tag schmolz ihre Heerschaar zusammen, schließlich war nur
eine Anzahl Schalen noch übrig. Doch zuletzt kam noch ein Hauptfest. Am
Dreikönigstag verwandelten sich alle Nußschalen in Schiffe: Lustgondeln und
Panzerfregatten, Frachtschiffe und Dampfboote. Eine deutsche Flotte ward rasch
hergestellt, alle Fahrzeuge bewimpelt und mit Flaggen geschmückt: Papier=
stückchen in Holzspänchen geklemmt und mit einem Wachstropfen festgeklebt.
Jedes Boot erhielt dann sein brennendes Wachslicht und alle schwammen auf
dem unendlichen Ozean einer Schüssel voll Wasser. Sie begannen ihre Kreuz=
züge und Irrfahrten, ihr Wettsegeln und ihre Seegefechte. Hier naheten sich
zwei auf ihrer Fahrt, als zöge jedes das andere an mit einem verborgenen
Magnet. Jetzt berührten sie sich und segelten engvereint weiter. Ein paar
andere hängen eigensinnig am sichern Hafen des Schüsselrandes. Ein Athem=
zug wird zum Sturmwind. Die See kräuselt sich, die Wellen gehen hoch, ein
Schiff kommt in Noth; es schwankt und wankt, jetzt schöpft es Wasser! Zi=
schend verlöscht das Licht und mit Mann und Maus geht das Fahrzeug zu
Grunde.

Im nächsten Winter treibst du die Nußstudien schon wissenschaftlicher!
Von jedem Krämer und jeder Hökerin deiner Bekanntschaft erbatest du dir eine
Nußprobe und brachtest so ein ganzes Sortiment der verschiedensten Walnüsse
zusammen: kleine und große, kugelige und langrunde, helle mit papierdünnen
Schalen und schönen, großen Kernen, und andere, deren Schalen hart wie Stein
und deren Kern desto kleiner, geräucherte und ungeräucherte, ja selbst ameri=
kanische. Dann untersuchtest du die Kerne nicht blos nach dem Geschmack,
sondern auch nach ihrem Bau, und warst höchlichst verwundert zu hören, daß
die beiden süßen, öligen Hälften eigentlich die Samenblätter des Keimpflänz=
chens seien, die ersten Blätter des künftigen Nußbaums. Im Frühjahr opfertest
du sogar eine ganze Nuß einem gelehrten Versuche: du pflanztest sie höchst=
eigenhändig in dein Gartenbeet und freutest dich königlich, als nach sechs Wochen
das junge Pflänzchen zum Vorschein kam und dann fröhlich weiter wuchs. Jetzt
ist's ein Bäumchen geworden. Du beabsichtigst im nächsten Jahre ein Propf=

reis von einer besonders schönen Walnußsorte darauf zu setzen. Wird es einst groß sein und Anstalt zum Fruchttragen machen, so wirst du Gelegenheit finden, dich auch über den Blütenbau des Walnußbaumes genauer zu unterrichten. Es hat dieser Baum ähnlich wie die edle Kastanie auch zweierlei Blüten: solche, die nur Staubgefäße mit Blütenstaub tragen und die in Form langer Kätzchen beisammenstehen, und solche, die einzeln oder zu zwei bis drei am Ende der Aestchen stehen und aus denen die Nüsse sich bilden. Möge dir dein Pflegling auch einst zahlreiche süße Nüsse bescheren!

Der Winter ist dem Walnußbaum bei uns im Norden häufig zu rauh. Der Frost tödtet ihm nicht selten die jungen Zweige und vernichtet die Ernte; — aber hier in Südtyrol, wo schon die warme Luft Welschlands hereinweht, gedeiht er herrlich. Statt der langweiligen Pappeln säumen prächtige Nußbäume die Seiten der Landstraßen und schütteln im Herbst Säcke voll köstlicher Nüsse herab. Die grünen Schalen erhält der Färber zum Braunfärben, die Nüsse aber werden wagenweise über die Alpen bis nach dem Norden von Deutschland verführt, um Weihnachten feiern zu helfen. Selbst das schöne, dunkelgeflammte Holz der Stämme macht jene weite Reise gelegentlich mit, um, zu Geräthen verarbeitet, die Prunkzimmer zu zieren. Hier in Tyrol treffen wir selbst in Zimmern mäßig begüterter Leute Tische, Schränke, Stühle und andere Gegenstände aus Nußbaumholz hergestellt. Es ist dies sehr dauerhaft, nimmt eine herrliche Politur an und sieht prächtig aus. Besonders schön nehmen sich diejenigen Sachen aus, welche aus den verwachsenen Wurzelstöcken gefertigt wurden, da bei ihnen die prächtigsten Maserbildungen stattfinden. Bei unsern Wanderungen begegneten uns auf der Landstraße mehrfach Fuhrwerke, mit starken Pfosten von Walnußholz beladen. Holzhandlungen senden eigens Reisende nach dem Norden, um Bestellungen auf die geschätzte Holzsorte anzunehmen.

So sind wir hier an der Quelle, aus welcher die Walnüsse des Weihnachtsbaumes stammen, und wenn sie nächsten Winter daheim auf dem Tische wieder ihre lustigen Sprünge machen, kannst du deinen Brüdern erzählen von den Alleen aus schönen Walnußbäumen fern in Südtyrol!

45.

Spielwaaren-Fabrikation.

(Holzschnitzerei im Gröbner Thale.)

———

Hermann an Karl.

Lieber Karl!

Nun weiß ich auch, wo die hölzernen Soldaten herkommen und wie sie gemacht werden, ebenso die kleinen Pferde und alle Thiere der Arche Noah. Die Leute sagen immer: es sind Nürnberger Spielsachen, es werden aber nur sehr wenige davon in Nürnberg selber gemacht; die Nürnberger Händler verkaufen sie nur, gefertigt werden sie aber in den Gebirgen.

Von der Seiser Alp herab stiegen wir in ein sehr nettes Thal, welches das Gröbner Thal heißt. In diesem liegen drei Dörfer mit recht niedlichen Häuschen, alle freundlich und hübsch angestrichen, als wären sie aus einem Spielschächtelchen genommen. Eins jener Dörfer heißt St. Ulrich, in diesem waren wir. Der Gastwirth daselbst, bei dem wir einkehrten, erzählte uns: in dem Gröbner Thale wohnen ungefähr 3500 Leute und 2500 davon sind Holzschnitzer.

Gleich neben dem Wirthshaus ist eine große Ausstellung von geschnitzelten Sachen, diese haben wir besehen. Es waren hier aber so vielerlei verschiedene Dinge aufgestellt, daß ich sie Dir gar nicht alle nennen kann. Der Vater hat für Dich eine kleine Sennhütte gekauft und eine Ziege dazu, für Albert einen thyroler Jäger und eine Gemse und für die Mutter auch Etwas, das ich aber nicht sagen soll. Wir bringen Alles im Ranzen mit, wenn wir nach Hause kommen.

Ich war sehr neugierig zu sehen, wie die Leute die Sachen machen, und der Vater ging mit mir zu einem Holzschnitzer, um es mir zu zeigen. Du

weißt, was wir für Noth hatten, als dem einen Kanonenpferde das Bein zer=
brochen war und wir ihm ein neues machen wollten. Du hattest Dich dabei
in den Finger geschnitten und ich stach mich mit dem Bohrer. Zuletzt wackelte
das Bein immer noch und das Pferd wollte nicht stehen. Hier kostet eine
ganze Schachtel voll Pferde etwa 10 Neukreuzer, das sind nach unserm Gelde
2 Silbergroschen. Alle sind sauber angestrichen und Satteldecken und Leder=
zeug daran gemalt. Die Soldaten sind auch nicht theurer und einer ist gerade
so wie der andere.

Die Holzschnitzler machen aber nicht etwa jeder erst einen Soldaten fix
und fertig und dann einen zweiten, sondern die Sache geht so zu. Die ganze
Familie des Holzschneiders hilft mit,
der Vater und alle Kinder: Jungen
und Mädchen. Der Vater sitzt an der
Drechselbank und hat eine Scheibe
aus Arvenholz eingeschraubt. Diese
dreht er mit dem Meisel aus. Je
nachdem er nun Soldaten oder
Pferde oder etwas Anderes machen
will, dreht er auch verschiedene
Rinnen und Ritzen hinein, so ähn=
lich, wie ich es hier nebenbei hin=
gemalt habe. Hat er eine Scheibe

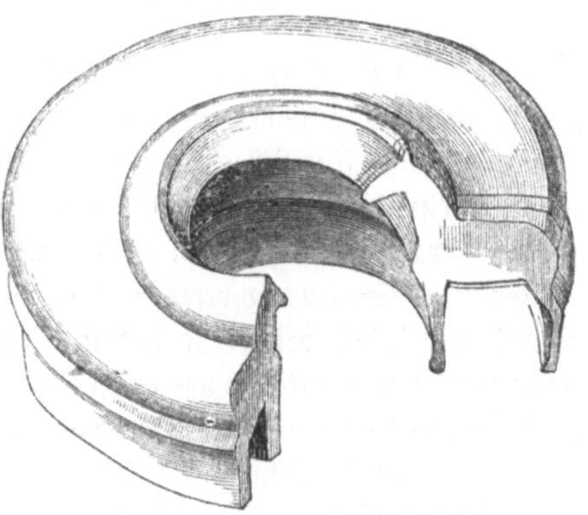

zu den Soldaten fertig, so bekommt sie der älteste Junge und spaltet mit dem
Schnitzmesser lauter einzelne Soldaten daraus. Aus einer solchen Scheibe
wird gleich eine ganze Kompagnie. Ein
zweiter Junge hat aus einer andern Scheibe
Arme für die Soldaten gespalten und zurecht
geschnitzt. Diese werden dann angeleimt.
Da muß natürlich einer gerade so aussehen
wie der andere. Ein Mädchen malt den Sol=
daten die rothen Hosen, das zweite die blauen
Röcke und das dritte macht lauter Schnurr=

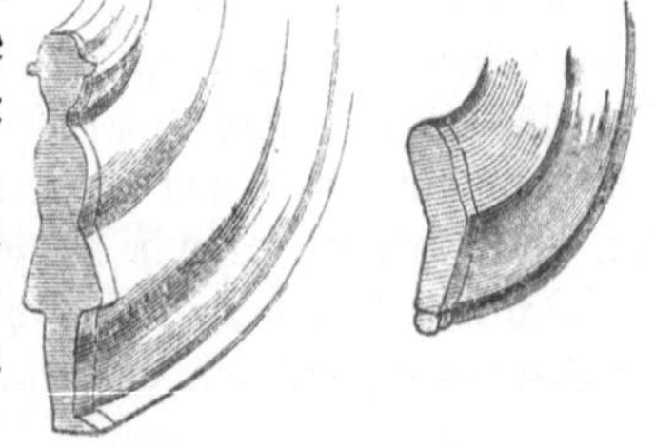

bärte. Das geht zuletzt bei Allen so rasch, daß man's kaum sehen kann, und
wird doch ganz sauber und hübsch.

Das Lustigste hier sind aber die Menge Gelenkpuppen. Du kannst es
Starke's Ida und Schmidt's Helene erzählen, daß ich jetzt hier bin, wo die

Puppen wachsen. Da macht wieder der eine Mann lauter Beine, der Andere lauter Arme, ein Dritter schnitzelt die Nasen u. s. w. Hier giebt es ganz kleine hölzerne Gelenkpüppchen, die nicht länger sind als ein Fingernagel, und so folgen sie von allen Größen bis zu jungen Damen, die schon armslang sind. Alle Jahre sollen viele Tausend Dutzend solcher Puppen hier gemacht und nach allen Ländern verschickt werden, sogar nach Amerika und nach China in Asien.

Der Mann in dem Ausstellungssaale erzählte uns, daß in jedem Jahre gegen 2800 Centner geschnitzelte Waaren fortgeschafft und verkauft werden und daß diese fast eine halbe Million Gulden werth sind. Das Schlimmste ist nur, daß es so wenig Arven hier herum mehr giebt; sie wachsen nicht so rasch wie= der nach, als die Leute sie wegschnitzeln. Anfänglich waren ringsum alle Berge mit Arvenwäldern bedeckt (s. S. 69). Es hatten sich zunächst nur einige we= nige Leute mit Schnitzeln von Heiligenbildern beschäftigt. Damals reichte ein Mann mit einer Klafter Holz eine lange Zeit aus. Als nun aber fast alle Leute im Thale anfingen zu drechseln und zu schnitzeln, wurden die Wälder gefällt. Vater meinte: sie hätten sollen eine regelmäßige Forstwirthschaft ein= führen und dafür sorgen, daß stets so viel wieder Nachwuchs da war, als weg= genommen ward. Dies ist aber nicht geschehen. So sind denn die großen Wäl= der immer kleiner geworden und zuletzt verschwunden. Man muß schon jetzt das Holz weit her aus andern Thälern holen und dadurch kommt es theuer zu ste= hen. Die Leute verdienen nicht gerade viel, trotzdem sie sehr fleißig sind, und durch die hohen Holzpreise wird ihre Einnahme noch geringer gemacht.

Manche Leute machen hier auch das ganze Jahr hindurch weiter nichts als Schachteln, und wieder Andere packen die fertigen Spielsachen in die Schach= teln ein. — Ich hätte hier können für alle Kinder zu Hause Spielzeug mitbrin= gen, wenn nicht unser Geld zu Ende ginge. Euch aber haben wir Etwas gekauft; freue Dich einstweilen darauf, bis es Dir mitbringt

Dein

Hermann.

Innsbruck.

46.

Rückreise.

Jede Reise ist ein Abbild des Lebens. Mancher Plan wird gefaßt, Manches wird erreicht, — Anderes bleibt unerfüllt! Nicht Dasjenige, was er bereits erlangt hat, dünkt dem Wanderer das Höchste, sondern Das, was ihm als Ziel noch vorschwebt. Von Ort eilt er zu Ort, von Thal zu Berg und von den Gipfeln wieder hinab in die Auen. Jedes Künftige scheint ihm das Bessere. Selten überläßt er sich dem Genusse des Erreichten längere Zeit. Im Stre= ben selbst liegt das Glück.

So bleibt auch uns ein letztes Ziel unerreicht, ein letzter Wunsch unerfüllt!

Von Bozen aus sind wir im leichten Wagen auf der schönen Poststraße im Eisackthale hinaufgefahren bis „Am Steg". Im Anfange führte der Weg noch ununterbrochen durch Weingärten. Allerliebste Häuschen schauen wie Schlößchen über die lichtgrünen Rebenlauben hervor; dunkle, schlanke Cypres= sen bilden einen ebenso kräftigen als für uns fremdartigen Gegensatz dazu. Auch hier nicken noch Feigen über die Gartenmauern. Die Eisack erscheint uns als

ein ansehnlicher Fluß, der aber fortwährend brausend und schäumend sich über
Felsblöcke hinwegstürzt. Stellenweise hat man sein Wasser geregelt und ge=
zwungen, Mühlen zu treiben. Große Holzhaufen sind an den Schneide=
mühlen aufgestapelt. Die Stammstücke wurden auf der Eisack entlang geflößt.
Man hatte ihre Enden beiderseits rundlich zulaufend behauen, damit sie sich
leichter über das Gestein im Flusse wegschöben. Bei „Am Steg" überschreiten
wir auf einer Brücke den Fluß und steigen den Berg steil hinauf nach Völs.
Es begegnen uns wiederholt Gesellschaften städtisch gekleideter Leute; die Einen
wallfahrten nach Razzes, einem reizend gelegenen Badeörtchen am Fuße des
Schlern, Andere ziehen nach Landgütern auf den benachbarten höher gelegenen
Dörfern, in die sogenannte Sommerfrische. Sie wollen hier in grüner, kühler
Einsamkeit höher droben an den Bergen der Hitze entfliehen, welche im Hoch=
sommer drunten im Etschthale drückend wird.

Nachdem wir uns in Völs von dem anstrengenden Bergaufsteigen etwas
erholt haben, wandern wir über mäßige, bewaldete Hügelzüge hinüber nach
Seis, dicht am Fuße der Seiser Alpen mit ihren zahlreichen Sennereien
(Schwaigereien). Ueber dem dunkeln Fichtenwald und über den grünen Alpen=
matten hoch empor ragen die wild zerklüfteten Klippen des Schlern, dieses kah=
len Dolomitberges. Dort winkt dem Naturfreunde reicher Genuß, dem Pflan=
zensammler seltene Beute.

Von Seis aus sehen wir die Ruinen der Burg Hauenstein. An diese
knüpfen sich die lieblichen Sagen vom Ritter Oswald, dem Minnesänger, der
in seinen jungen Jahren die weite Welt durchzog und im Alter durch die edle
Dichtkunst sich tröstete über die Noth, die er genugsam daheim fand.

Schon naht der Führer, welcher uns zu dem idyllisch romantischen Orte
geleiten soll, — da zieht schwarze Wetternacht über die Spitzen des Schlern
herauf. Ein Hochgewitter umhüllt die Landschaft. Blitz folgt auf Blitz und
nie endender Donner rollt durch die Thäler. Unser Plan ist vereitelt. Die
höheren Theile der Berge sind weiß, von Schnee und Hagel bedeckt. Alles Volk
dankt Gott für den Regen, der lange auf sich hatte warten lassen. Viele trocken
gelegene, tiefere Wiesen waren gelb gesengt von der heißen Sonne; jetzt sind sie
erquickt. Sollen wir murren, daß derselbe Regen uns ein weiteres Vergnügen
gestört hat, da wir bisher schon so Vieles genossen?

Gegen Abend theilen sich die Wolken ein wenig und gewähren in der Be=
leuchtung der untergehenden Sonne ein Schauspiel, wie es das Flachland nie
bietet. Wiederum verfolgen wir den Kampf der verschiedenen Wolkenmassen,

wie wir bei unserm Eintritt in die Alpen bereits Gelegenheit fanden; nur zeigt sich das Ganze hier in großartigerem Maßstabe. Gleich bewappneten Heeren, mit wehenden rothen und blauen, grauen oder weißen Bannern ziehen die Wolken aus den verschiedenen Thälern gegen einander, vereinigen sich an der einen Stelle, machen plötzlich an einer andern Halt und lösen sich wieder auf, von einem trocknen, heißen Luftstrome ergriffen.

Am folgenden Morgen hat sich der Himmel geklärt. Der Führer bringt uns hinauf zur Seiser Alp. Eine schöne, gepflasterte Straße führt von Seis aus neben einem Abgrunde vorbei bis hinauf zu den Sennereien. Mit jedem Schritte rücken wir dem Schlern näher und näher, — vielleicht daß wir ihn doch noch erreichen. Eine Sennerin (Schwaigerin) erquickt uns mit Milch und Brod. Letzteres ist freilich steinhart, dem Schiffszwieback ähnlich, — doch Hunger lehrt beißen. Wir wandern höher hinauf. Wir genießen bereits eine bezaubernd schöne Aussicht. Wir stehen an einem der interessanten Punkte, von welchem aus wir um den ganzen Horizont her schneebedeckte Bergketten erblicken. Im Norden haben wir die Oetzthaler Fernergruppe, die wir überstiegen, nordöstlich schauen wir bis zum Großglockner, westlich nach dem Ortles. Dicht vor uns ragen noch die scharf zerrissenen Klippen des Schlern, durch welche diese Bergruine schon aus weißer Ferne kenntlich ist. Zwischen die näheren Bergzüge lagern sich die Alpenmatten mit den zerstreuten grauen Hütten ein. Stellenweise sind Leute mit dem Mähen beschäftigt, andere mit dem Wenden des Heues. Auf noch andern Abhängen bemerken wir weidendes Vieh.

Wunderschön ist der Blick nach dem Eisackthale hinunter. Jenseits des Flusses erhebt sich das Land in regelmäßig geschiedenen Stufen. Die steilen Abhänge der Terrasse sind mit Wald eingefaßt, die ebeneren Flächen tragen Getreidefelder und Dörfer mit freundlichen Kirchthürmen.

Wir wenden uns zum Weitermarsch höher hinauf; da finden wir alle Kämme noch dicht mit Hagel bedeckt; zwischen den geknickten Blumen liegen halbtodte Schmetterlinge mit zerrissenen Flügeln. Trotzdem steigen wir weiter, — allein über dem Schlern sammeln sich Wolkenschleier. Aus der Färbung des Himmels und der Richtung des Windes prophezeit der Führer einen mehrtägigen Regen. Es ist kein erhebender Gedanke, mehrere Tage lang im Heu einer Sennhütte zu logiren. Unsre Zeit ist gemessen, die Kasse hat sich bedenklich geleert, uns bleibt nichts übrig, als dicht vor unserm Ziele einen schleunigen Rückzug anzutreten. Wir trösten uns mit der Hoffnung, daß vielleicht eine günstigere Zukunft uns das gewähren möge, was uns die Gegenwart unerbittlich versagt.

Wir eilen hinab nach Puval, dann nach St. Ulrich im Gröbner Thal. Von hier aus bringt uns der leichte Wagen thalab bis nach Klausen im Eisack= thale, in letzterem wandern wir weiter nach Brixen. Am nächsten Morgen werden wir im Stellwagen sorgsam verpackt. Die Wetterprophezeiung ist ein= getroffen. Schon am Abend entlud sich im Süden ein Gewitter. Im Regen fahren wir weiter über Sterzing, dann über den Brenner nach Innsbruck. Auch hier strömt noch am folgenden Morgen unendlicher Regen, allein jetzt fürchten wir ihn nicht mehr. Im Dampfwagen fragen wir nichts mehr nach Wetter und Wind. Der Zug braust im Thale des Inn entlang und bringt uns bei guter Zeit noch nach München. Hier hellt sich das Wetter. Wir können noch am Spätnachmittag bei schönem Sonnenschein einen Spaziergang nach der Theresienwiese unternehmen. Vom Fuß der Bavaria aus werfen wir noch einen letzten Blick auf die weißen Häupter der Alpen am südlichen Horizont. Lebe wohl, du schöne Alpenwelt mit deinen Felsen und Blumen, deinen rauschenden Bächen und brausenden Wasserfällen, deinen Sennereien und biederen Leuten! Ade, du freies Leben der Berge! Erinnerung und Hoffnung werden uns wie Edelweiß und Almenrausch begleiten nach der fernen Heimat im flachen Norden!

Ende des Buches.

Kinderschriften von Hermann Wagner.

Verlag von Otto Spamer in Leipzig.

Neues Illustrirtes Spielbuch für Knaben.
1200 unterhaltende und anregende Belustigungen, Spiele und Beschäftigungen für Körper und Geist, im Freien sowie im Zimmer. Herausgegeben von Hermann Wagner. Ein Band von 400 Seiten in buntem Umschlag, mit mehr als 500 in den Text gedruckten Abbildungen sowie einem Titelbilde. Elegant geheftet Preis 1⅓ Thlr. = 2 Fl. 24 Kr. rhein. In anmuthigem Cartonnage-Einband 1½ Thlr. = 2 Fl. 42 Kr. rh.

Für Knaben und Mädchen.

Entdeckungsreisen in Haus und Hof.
Mit seinen jungen Freunden unternommen von Hermann Wagner. Mit 100 Abbildungen, Titel- und Tonbildern. Eleg. geh. 15 Sgr. = 54 Kr. rhein. Eleg. cartonnirt 20 Sgr. = 1 Fl. 12 Kr. rhein.

Entdeckungsreisen in der Wohnstube.
Mit seinen jungen Freunden unternommen von Hermann Wagner. Mit über 100 Abbildungen, Titel- und Tonbildern ꝛc. Eleg. geh. 15 Sgr. = 54 Kr. rh. Eleg. cartonnirt 20 Sgr. = 1 Fl. 12 Kr. rh.

Entdeckungsreisen im Wald und auf der Haide.
Mit seinen jungen Freunden unternommen von Hermann Wagner. Mit 130 in den Text gedruckten Abbildungen, zwei Buntdruck- und drei Tonbildern und einer Extrabeilage von getrockneten Mvosarten. Eleg. geh. 20 Sgr. = 1 Fl. 12 Kr. rhein. Eleg. cartonnirt 25 Sgr. = 1 Fl. 30 Kr.

Entdeckungsreisen in Feld und Flur.
Mit seinen jungen Freunden unternommen von Hermann Wagner. Mit 110 in den Text gedruckten Abbildungen, zwei Buntdruck- und drei Tonbildern, einem Titelbilde ꝛc. Eleg. geh. 20 Sgr. = 1 Fl. 12 Kr. Eleg. cartonnirt 25 Sgr. = 1 Fl. 30 Kr. rhein.

In Vorbereitung:

Entdeckungsreisen in der Heimat.
Mit seinen jungen Freunden unternommen von Hermann Wagner. Mit vielen in den Text gedruckten Abbildungen, mehreren Tonbildern, einem Titelbilde ꝛc. In Bändchen elegant geheftet à 25 Sgr. = 1 Fl. 30 Kr. rh. Eleg. cartonnirt 25 Sgr. = 1 Fl. 30 Kr.

Es lassen sich reizendere Kinderbücher, als diese wahrhaft prachtvoll ausgestatteten Bändchen, gar nicht denken. Sie sind für Kinder im Alter von 9—12 Jahren bestimmt und ihres kindlichen und gemüthlichen Inhaltes wegen überall Lieblingsbücher unserer Kleinen geworden und können jedem Familienkreise, allen Kinderschulen und Kindergärten mit voller Ueberzeugung empfohlen werden.

Im Grünen oder die kleinen Pflanzenfreunde.
Erzählungen aus dem Pflanzenreich von Hermann Wagner. Zweite vermehrte Auflage. Mit 80 Abbildungen und kolor. Titelbilde. In prachtvollem Umschlage eleg. carton. 25 Sgr.

Leipzig, Druck von Giesecke & Devrient.